ESSAI

SUR

LA PHILOSOPHIE

DES SCIENCES.

IMPRIMERIE DE E.-J. BAILLY,
Place Sorbonne, 2.

ESSAI

SUR

LA PHILOSOPHIE DES SCIENCES,

OU

EXPOSITION ANALYTIQUE D'UNE CLASSIFICATION NATURELLE DE TOUTES LES CONNAISSANCES HUMAINES;

PAR

ANDRÉ-MARIE AMPÈRE,

De l'Académie royale des sciences, des Sociétés royales de Londres et d'Édimbourg, de la Société philomatique, de la Société helvétienne des scrutateurs de la nature, de la Société philosophique de Cambridge, de celle de Physique et d'histoire naturelle de Genève, de la Société Italienne, de l'Académie royale des sciences et belles-lettres de Bruxelles, de l'Académie royale de Lisbonne, des Académies de Lyon, de Modène, de Lille, Correspondant de l'Académie des sciences de Berlin et de l'Institut de Bologne, Membre de plusieurs autres Sociétés savantes, Chevalier de la légion-d'honneur, Inspecteur général des études, et Professeur au Collége de France.

SECONDE PARTIE.

Paris,

BACHELIER, LIBRAIRE-ÉDITEUR,
QUAI DES AUGUSTINS, 55.

1843.

AVERTISSEMENT.

Cette seconde partie de l'*Essai sur la Philosophie des sciences*, qui est imprimée depuis plusieurs années, et dont la publication a été retardée par des circonstances indépendantes de ma volonté, a été entièrement rédigée par mon père.

Elle complète cette classification des connaissances humaines, que lui seul peut-être pouvait tenter.

Elle comprend toutes les sciences de la pensée, tout ce qui se rapporte à l'intelligence de l'homme, aux actes et aux produits de cette intelligence ; elle ferme ce cercle encyclopédique tracé d'une main et pour ainsi dire d'un compas si sûr ; elle montre que le grand géomètre, le physicien immortel avait porté son regard partout où peut atteindre la méditation humaine, et que rien dans l'ensemble de la connaissance n'était demeuré étranger à cet esprit qui embrassait et dominait tout.

La philosophie surtout avait été l'objet des recherches persévérantes de mon père.

J'espère tirer des fragmens qu'il a laissés une partie au moins du système entièrement nouveau, par lequel il était parvenu à se rendre compte de l'origine, de la nature et de la certitude de nos idées. On trouvera déjà ici quelques aperçus profonds indiqués en passant.

Les penseurs remarqueront la théorie des *rapports* considérés comme ayant un mode d'existence aussi réel que les substances, bien que différent, pont jeté pour l'intelligence entre les simples apparences qui se produisent dans notre esprit et l'essence des êtres.

On sera étonné, je crois, de voir, dans les lettres, dans les beaux-arts, dans l'histoire, mon père se mettre sans effort au niveau des résultats les plus élevés de la science, et traiter des sujets, qu'on eût jugé devoir être peu familiers à l'inventeur de la théorie électro-dynamique, avec une lucidité et une méthode extraordinaires.

Enfin, dans les chapitres qui traitent des *sciences politiques*, à ceux qui ne l'ont pas connu, quelque chose sera révélé des purs sentimens d'humanité dont son âme était, on peut dire, consumée. Sous la sécheresse apparente des formules, on découvrira un vif désir du bonheur et de l'amélioration des hommes; on le verra chercher, je cite ses paroles, « à établir « des lois générales sur les rapports mutuels « qui existent entre les différens degrés du « bien-être ou du mal-aise des diverses popu- « lations, et toutes les circonstances dont ils « dépendent, telles que les habitudes et les « mœurs de ceux qui travaillent, leur plus ou « moins d'instruction, leur plus ou moins de « prévoyance de leurs besoins futurs et de ceux

« de leurs familles; le sentiment du devoir qui « se développe dans les hommes à mesure que « leur intelligence se perfectionne, les divers « degrés de liberté dont ils jouissent depuis « l'esclave jusqu'au paysan norwégien ou l'ou- « vrier de New-Yorck ou de Philadelphie. »

Ces grands problèmes sociaux qui avaient préoccupé mon père, faisaient pour lui partie d'une science qu'il appelait la *Cœnolbologie*. Le mot peut sembler bizarre; mais traduisez : c'est la science *de la félicité publique*. Ce terme, en raison de ce qu'il désigne, méritait peut-être d'avoir une place dans le tableau encyclopédique de mon père. Qui aura le courage de l'en effacer?

Il ne m'appartient pas de parler plus longtemps au lecteur quand mon père va lui parler. Louer ce qu'on est si loin d'atteindre peut sembler une familiarité irrespectueuse. Quand on est un homme ordinaire, et qu'on a eu pour père un grand homme, on doit l'admirer en silence comme on le pleure.

Entre la publication du premier volume et celle du second, mon père est entré dans la postérité.

Le lecteur ne sera pas surpris de trouver ici une Notice biographique telle qu'il est d'usage d'en placer une en tête des écrits des illustres morts.

M. Sainte-Beuve m'a permis de reproduire la sienne.

Jamais peut-être la finesse de sa touche et cette délicatesse exquise de sentiment qui le fait pénétrer dans les organisations d'élite ne se sont mieux montrées que dans les pages où il a esquissé l'âme, le caractère, la vie intérieure de celui qui fut aussi tendre, aussi bon, aussi simple qu'il était grand.

Après l'appréciation de l'homme par M. Sainte-Beuve, on trouvera celle que M. Littré a faite du savant, dans un morceau remarquable par la netteté de l'exposition, la hauteur des pensées et la mâle vigueur du style.

J'eusse beaucoup aimé à placer ici les jugemens scientifiques de M. Arago sur mon père, et le loyal et bel hommage qu'il a rendu à la théorie électro-dynamique, dont il a proclamé la vérité.

Mais, M. Arago n'a pas encore publié son éloge historique de M. Ampère. Rien ne pourra, toutefois, effacer de ma mémoire reconnaissante les paroles que l'illustre secrétaire perpétuel de l'Académie des Sciences a prononcées dans le sein de cette compagnie, lorsque, après avoir exposé les *lois* qui régissent les phénomènes électro-dynamiques, il s'est écrié : On dira un jour *les lois d'Ampère* comme on dit *les lois de Kepler !*

J.-J. AMPÈRE.

Paris, ce 4 septembre 1843.

NOTICE SUR M. AMPÈRE.

I

SA JEUNESSE, SES ÉTUDES DIVERSES, SES IDÉES MÉTAPHYSIQUES, ETC.

Le vrai savant, l'*inventeur* dans les lois de l'univers et dans les choses naturelles, en venant au monde, est doué d'une organisation particulière comme le poète, le musicien. Sa qualité dominante, en apparence moins spéciale, parce qu'elle appartient plus ou moins à tous les hommes et surtout à un certain âge de la vie où le besoin d'apprendre et de découvrir nous possède, lui est propre par le degré d'intensité, de sagacité, d'étendue. Chercher la cause des choses, trouver leurs lois, le tente, et là où d'autres passent avec indifférence ou se laissent bercer dans la contemplation par le sentiment, il est poussé à voir au-delà et il pénètre. Noble faculté qui, à ce degré de développement, appelle et subordonne à elle toutes les passions de l'être et ses autres puissances! On en a eu, à la fin du XVIIIe siècle et au commencement du nôtre, de grands et sublimes exemples; Lagrange, Laplace, Cuvier, et tant d'autres à des rangs voisins, ont excellé dans cette faculté de trouver les rapports élevés et difficiles des choses cachées, de les poursuivre profondément, de les coordonner, de les rendre. Ils ont à l'envi reculé les bornes du connu et repoussé la limite humaine. Je m'imagine pourtant que nulle part peut-être cette faculté de l'intelligence avide, cet appétit du savoir et de la découverte, et tout ce qu'il entraîne, n'a été plus en saillie, plus à nu et dans un exemple mieux démontrable que chez

M. Ampère, qu'il est permis de nommer tout à côté d'eux, tant pour la portée de toutes les idées que pour la grandeur particulière d'un résultat. Chez ces autres hommes éminens que j'ai cités, une volonté foide et supérieure dirigeait la recherche, l'arrêtait à temps, l'appesantissait sur des points médités, et, comme il arrivait trop souvent, la suspendait pour se détourner à des emplois moindres. Chez M. Ampère l'idée même était maîtresse. Sa brusque invasion, son accroissement irrésistible, le besoin de la saisir, de la presser dans tous ses enchaînemens, de l'approfondir en tous ses points, entraînaient ce cerveau puissant auquel la volonté ne mettait plus aucun frein. Son exemple, c'est le triomphe, le surcroît, si l'on veut, et l'indiscrétion de l'idée savante ; et tout se confisque alors en elle et s'y coordonne ou s'y confond. L'imagination, l'art ingénieux et compliqué, la ruse des moyens, l'ardeur même de cœur, y passent et l'augmentent. Quand une idée possède cet esprit inventeur, il n'entend plus à rien autre chose, et il va au bout dans tous les sens de cette idée comme après une proie, ou plutôt elle va au bout en lui se conduisant elle-même, et c'est lui qui est la proie. Si M. Ampère avait eu plus de cette volonté suivie, de ce caractère régulier, et, on peut le dire, plus ou moins ironique, positif et sec, dont étaient munis les hommes que nous avons nommés, il ne nous donnerait pas un tel spectacle, et en lui reconnaissant plus de conduite d'esprit et d'ordonnance, nous ne verrions pas en lui le savant en quête, le chercheur de causes aussi à nu.

Il est résulté aussi de cela qu'à côté de sa pensée si grande et de sa science irrassasiable, il y a, grâce à cette vocation imposée, à cette direction impérieuse qu'il subit et ne se donne pas, il y a tous les instincts primitifs et les passions de cœur conservées, la sensibilité que s'était de bonne heure trop retranchée la froideur des autres, restée chez lui entière, les croyances morales toujours émues, la naïveté, et de plus en plus jusqu'au bout, à travers les fortes spéculations, une inexpérience craintive, une enfance, qui ne semblait point de notre temps, et toutes sortes de contrastes.

Les contrastes qui frappent chez Laplace, Lagrange, Monge et Cuvier, ce sont, par exemple, leurs prétentions ou leurs qualités d'hommes d'état, d'hommes politiques influens; ce sont les titres et les dignités dont ils recouvrent et quelquefois affublent leur vrai génie. Voilà, si je ne me trompe, des *distractions* aussi et des *absences* de ce génie, et, qui pis est, volontaires. Chez M. Ampère, les contrastes sont sans doute d'un autre ordre; mais ce qu'il suffit d'abord de dire, c'est qu'ici la vanité du moins n'a aucune part, et que si des faiblesses également y paraissent, elles restent plus naïves et comme touchantes, laissant subsister l'entière vénération dans le sourire.

Deux parts sont à faire dans l'histoire des savants : le côté sévère, proprement historique, qui comprend leurs découvertes positives et ce qu'ils ont ajouté d'essentiel au monument de la connaissance humaine, et puis leur esprit en lui-même et l'anecdote de leur vie. La solide part de la vie scientifique de M. Ampère étant retracée ci-après par un juge bien compétent, M. Littré, nous avons donc à faire connaître, s'il se peut, l'homme même, à tâcher de le suivre dans son origine, sa formation active, son étendue, ses digressions et ses mélanges, à dérouler ses phases diverses, ses vicissitudes d'esprit, ses richesses d'âme, et à fixer les principaux traits de sa physionomie dans cette élite de la famille humaine dont il est un des fils glorieux.

André-Marie Ampère naquit à Lyon le 20 janvier 1775. Son père, négociant retiré, homme assez instruit, l'éleva lui-même au village de Polémieux, où se passèrent de nombreuses années. Dans ce pays sauvage, montueux, séparé des routes, l'enfant grandissait, libre sous son père, et apprenait tout presque de lui-même. Les combinaisons mathématiques l'occupèrent de bonne heure; et dans la convalescence d'une maladie, on le surprit faisant des calculs avec les morceaux d'un biscuit qu'on lui avait donné. Son père avait commencé de lui enseigner le latin ; mais lorsqu'il vit cette diposition singulière pour les mathématiques, il la favorisa, procurant à l'enfant les livres nécessaires, et ajournant l'étude approfondie du latin à un âge plus avancé. Le jeune Ampère connaissait déjà toute la partie élémentaire des mathématiques et l'application de l'algèbre à la géométrie, lorsque le besoin de pousser au-delà le fit aller un jour à Lyon avec son père. M. l'abbé Daburon (depuis inspecteur-général des études) vit entrer alors dans la bibliothèque du collége M. Ampère, menant son fils de onze à douze ans, très petit pour son âge. M. Ampère demanda pour son fils les ouvrages d'Euler et de Bernouilli.

M. Daburon fit observer qu'ils étaient en latin ; sur quoi l'enfant parut consterné de ne pas savoir le latin ; et le père dit : « Je les expliquerai à mon fils ; » et M. Daburon ajouta : « Mais « c'est le calcul différentiel qu'on y emploie, le « savez-vous ? » Autre consternation de l'enfant ; et M. Daburon lui offrit de lui donner quelques leçons, et cela se fit.

Vers ce temps, à défaut de l'emploi des infiniment petits, l'enfant avait de lui-même cherché, m'a-t-on dit, une solution du problème des tangentes par une méthode qui se rapprochait de celle qu'on appelle méthode des limites. Je renvoie le propos, dans ses termes mêmes, aux géomètres.

Les soins de M. Daburon tirèrent le jeune émule de Pascal de son embarras, et l'introduisirent dans la haute analyse. En même temps, un ami de M. Daburon, qui s'occupait avec succès de botanique, lui en inspirait le goût, et le guidait pour les premières connaissances. Le monde naturel, visible, si vivant et si riche en ces belles contrées, s'ouvrait à lui dans ses secrets, comme le monde de l'espace et des nombres. Il lisait aussi beaucoup, toutes sortes de livres, particulièrement l'Encyclopédie, d'un bout à l'autre. Rien n'échappait à sa curiosité d'intelligence ; et, une fois qu'il avait conçu, rien ne sortait plus de sa mémoire. Il savait donc, et il sut toujours, entre autres choses, tout ce que l'Encyclopédie contenait, y compris le blason. Ainsi son jeune esprit préludait à cette universalité de connaissances qu'il embrassa jusqu'à la fin. S'il débuta par savoir au complet l'Encyclopédie du XVIIIe siècle, il resta encyclopédique toute sa vie. Nous le verrons, en 1804, combiner une refonte générale des connaissances humaines ; et ses derniers travaux sont un plan d'encyclopédie nouvelle.

Il apprit tout de lui-même, avons-nous dit, et sa pensée y gagna en vigueur et en originalité ; il apprit tout à son heure et à sa fantaisie, et il n'y prit aucune habitude de discipline.

Fit-il des vers dès ce temps-là, ou n'est-ce qu'un peu plus tard ? Quoi qu'il en soit, les mathématiques, jusqu'en 93, l'occupèrent surtout. A dix-huit ans, il étudiait la *Mécanique analytique* de Lagrange, dont il avait refait presque tous les calculs ; et il a répété souvent qu'il savait alors autant de mathématiques qu'il en a jamais su.

La révolution de 89, en éclatant, avait retenti jusqu'à l'âme du studieux, mais impétueux jeune homme, et il en avait accepté l'augure avec transport. Il y avait, se plaisait-il à dire quelquefois, trois événements qui avaient eu un grand empire, un empire décisif sur sa vie : l'un était la lecture de l'éloge de Descartes par Thomas, lecture à laquelle il devait son premier sentiment d'enthousiasme pour les sciences physiques et philosophiques. Le second événement était sa première communion qui détermina en lui le sentiment religieux et catholique, parfois obscurci depuis, mais ineffaçable. Enfin il comptait pour le troisième de ces événements décisifs, la prise de la Bastille qui avait développé et exalté d'abord son sentiment libéral. Ce sentiment bien modifié ensuite et par son premier mariage dans une famille royaliste et dévote, et plus tard par ses retours sincères à la soumission religieuse et ses ménagemens forcés sous la restauration, s'est pourtant maintenu chez lui, on peut l'affirmer, dans son principe et dans son essence. M. Ampère, par sa foi et son espoir constant en la pensée humaine, en la science et en ses conquêtes, est resté vraiment de 89. Si son caractère intimidé se déconcertait et faisait faute, son intelligence gardait son audace. Il eut foi, toujours et de plus en plus, et avec cœur, à la civilisation, à ses bienfaits, à la science infatigable en marche vers *les dernières limites, s'il en est* (1), *des progrès de l'esprit humain*. Il disait donc vrai en comptant pour beaucoup chez lui le sentiment *libéral* que le premier éclat de tonnerre de 89 avait enflammé.

D'illustres savans, que j'ai nommés déjà et dont on a relevé fréquemment les sécheresses morales, conservèrent aussi jusqu'au bout, et malgré beaucoup d'autres côtés moins libéraux, le goût, l'amour des sciences et de leurs progrès ; mais, notons-le, c'était celui des sciences purement mathématiques, physiques et naturelles. M. Ampère, différent d'eux et plus libéral en ceci, n'omettait jamais, dans son zèle de savant, la pensée morale et civilisatrice, et, en ayant espoir aux résultats, il croyait surtout et toujours à l'âme de la science.

En même temps que, déjà jeune homme, les livres, les idées et les événemens l'occupaient ainsi, les affections morales ne cessaient pas d'être toutes-puissantes sur son cœur. Toute sa

(1) Préface sur l'Essai de la Philosophie des Sciences.

vie, il sentit le besoin de l'amitié, d'une communication expansive, active et de chaque instant : il lui fallait verser sa pensée et en trouver l'écho autour de lui. De ses deux sœurs, il perdit l'aînée, qui avait eu beaucoup d'action sur son enfance ; il parle d'elle avec sensibilité dans des vers composés long-temps après. Ce fut une grande douleur. Mais la calamité de novembre 93 surpassa tout. Son père était juge de paix à Lyon avant le siége, et pendant le siége il avait continué de l'être, tandis que la femme et les enfans étaient restés à la campagne. Après la prise de la ville, on lui fit un crime d'avoir conservé ses fonctions ; on le traduisit au tribunal révolutionnaire et on le guillotina. J'ai sous les yeux la lettre touchante et vraiment sublime de simplicité, dans laquelle il fait ses derniers adieux à sa femme. Ce serait une pièce de plus à ajouter à toutes celles qui attestent la sensibilité courageuse et l'élévation pure de l'âme humaine en ces extrémités. Je cite quelques passages religieusement et sans y altérer un mot :

« J'ai reçu, mon cher ange, ton billet con-
« solateur ; il a versé un baume vivifiant sur
« les plaies morales que fait à mon âme le re-

« gret d'être méconnu par mes concitoyens, « qui m'interdisent, par la plus cruelle sépa- « ration, une patrie que j'ai tant chérie et dont « j'ai tant à cœur la prospérité. Je désire que « ma mort soit le sceau d'une réconciliation « générale entre tous nos frères. Je la pardonne « à ceux qui s'en réjouissent, à ceux qui l'ont « provoquée et à ceux qui l'ont ordonnée. J'ai « lieu de croire que la vengeance nationale, « dont je suis une des plus innocentes victimes, « ne s'étendra pas sur le peu de biens qui nous « suffisait, grâce à ta sage économie et à notre « frugalité, qui fut ta vertu favorite..... Après « ma confiance en l'Eternel, dans le sein du- « quel j'espère que ce qui restera de moi sera « porté, ma plus douce consolation est que tu « chériras ma mémoire autant que tu m'as été « chère. Ce retour m'est dû. Si, du séjour de « l'Eternité, où notre chère fille m'a précédé, « il m'était donné de m'occuper des choses « d'ici-bas, tu seras, ainsi que mes chers en- « fans, l'objet de mes soins et de ma complai- « sance. Puissent-ils jouir d'un meilleur sort « que leur père et avoir toujours devant les « yeux la crainte de Dieu, cette crainte salu- « taire qui opère en nos cœurs l'innocence et

« la justice, malgré la fragilité de notre nature.
« Ne parle pas à ma Joséphine du malheur de
« son père, fais en sorte qu'elle l'ignore; *quant*
« *à mon fils, il n'y a rien que je n'attende de*
« *lui.* Tant que tu le possèderas, et qu'ils te
« possèderont, embrassez-vous en mémoire de
« moi : je vous laisse à tous mon cœur. »

Suivent quelques soins d'économie domestique, quelques avis de restitution de dettes, minutieux scrupules d'antique probité; le tout signé en ces mots : *J.-J. Ampère, époux, père, ami et citoyen toujours fidèle.* Ainsi mourut, avec résignation, avec grandeur, et s'exprimant presque comme Jean-Jacques eût pu faire, cet homme simple, ce négociant retiré, ce juge de paix de Lyon. Il mourut comme tant de Constituans illustres, comme tant de Girondins, fils de 89 et de 91, enfants de la Révolution, dévorés par elle, mais pieux jusqu'au bout, et ne la maudissant pas!

Parmi ses notes dernières et ses instructions d'économie à sa femme, je trouve encore ces lignes expressives, qui se rapportent à ce fils de qui il attendait tout : «Il s'en faut beaucoup, ma chère amie, que je te laisse riche, et même une aisance ordinaire; tu ne peux l'imputer à ma mauvaise conduite ni à aucune dissipation. Ma plus grande dépense a été l'achat des livres et des instrumens de géométrie dont notre fils ne pouvait se passer pour son instruction; mais cette dépense même était une sage économie, puisqu'il n'a jamais eu d'autre maître que lui-même.»

Cette mort fut un coup affreux pour le jeune homme, et sa douleur ou plutôt sa stupeur suspendit et opprima pendant quelque temps toutes ses facultés. Il était tombé dans une espèce d'idiotisme, et passait sa journée à faire de petits tas de sable, sans que plus rien de savant s'y traçât. Il ne sortit de son état morne que par la botanique, cette science innocente dont le charme le reprit. Les lettres de Jean-Jacques sur ce sujet lui tombèrent un jour sous la main, et le remirent sur la trace d'un goût déjà ancien. Ce fut bientôt un enthousiasme, un entraînement sans bornes; car rien ne s'ébranlait à demi dans cet esprit aux pentes rapides. Vers ce même temps, par une coïncidence heureuse, un *Corpus poetarum latinorum*, ouvert au hasard, lui offrit quelques vers d'Horace dont l'harmonie, dans sa douleur, le transporta, et lui révéla la muse latine. C'était l'ode à Licinius et cette strophe :

> Sæpiùs ventis agitatur ingens
> Pinus, et celsæ graviore casu
> Decidunt turres, feriuntque summos
> Fulmina montes.

Il se remit dès lors au latin qu'il savait peu ; il se prit aux poètes les plus difficiles, qu'il embrassa vivement. Ce goût, cette science des poètes se mêla passionnément à sa botanique, et devint comme un chant perpétuel avec lequel il accompagnait ses courses vagabondes. Il errait tout le jour par les bois et les campagnes, herborisant, récitant aux vents des vers latins dont il s'enchantait, véritable magie qui endormait ses douleurs. Au retour, le savant reparaissait, et il rangeait les plantes cueillies avec leurs racines, dans un petit jardin, observant l'ordre des familles naturelles. Ces années de 94 à 97 furent toutes poétiques, comme celles qui avaient précédé avaient été principalement adonnées à la géométrie et aux mathématiques. Nous le verrons bientôt revenir à ces dernières sciences, y joignant physique et chimie ;

puis passer presque exclusivement, pour de longues années, à l'idéologie, à la métaphysique, jusqu'à ce que la physique, en 1820, le ressaisisse tout d'un coup et pour sa gloire : singulière alternance de facultés et de produits dans cette intelligence féconde, qui s'enrichit et se bouleverse, se retrouve et s'accroît incessamment.

Celui qui, à dix-huit ans, avait lu la *Mécanique analytique* de Lagrange, récitait donc à vingt ans les poètes, se berçait du rhythme latin, y mêlait l'idiome toscan, et s'essayait même à composer des vers dans cette dernière langue. Il entamait aussi le grec. Il y a une description célèbre du cheval chez Homère, Virgile et le Tasse (1) : il aimait à la réciter successivement dans les trois langues.

Le sentiment de la nature vivante et champêtre lui créait en ces momens tout une nouvelle existence dont il s'enivrait. Circonstance piquante et qui est bien de lui! cette nature qu'il aimait et qu'il parcourait en tout sens alors

(1) Homère, Iliade, VI; Virgile, Énéide, XI; et le Tasse, probablement Jérusalem délivrée, chant IX, lorsqu'Argilan, libre enfin de sa prison, est comparé au coursier belliqueux qui rompt ses liens.

avec ravissement, comme un jardin de sa jeunesse, il ne la voyait pourtant et ne l'admirait que sous un voile qui fut levé seulement plus tard. Il était myope et il vint jusqu'à un certain âge sans porter de lunettes ni se douter de la différence. C'est un jour, dans l'île Barbe, que, M. Ballanche lui ayant mis des lunettes sans trop de dessein, un cri d'admiration lui échappa comme à une seconde vue tout d'un coup révélée : il contemplait pour la première fois la nature dans ses couleurs distinctes et ses horizons, comme il est donné à la prunelle humaine.

Cette époque de sentiment et de poésie fut complète pour le jeune Ampère. Nous en avons sous les yeux des preuves sans nombre, dans les papiers de tout genre, amassés devant nous et qui nous sont confiés, trésor d'un fils. Il écrivit beaucoup de vers français et ébaucha une multitude de poèmes, tragédies, comédies, sans compter les chansons, madrigaux, charades, etc. Je trouve des scènes écrites d'une tragédie d'*Agis*, des fragmens, des projets d'une tragédie de *Conradin*, d'une *Iphigénie en Tauride*..., d'une autre pièce où paraissaient Carbon et Sylla, d'une autre où figuraient Vespasien et Titus ; un morceau d'un poème moral sur la vie ; des vers qui célèbrent l'Assemblée constituante ; une ébauche de poëme sur les sciences naturelles ; un commencement assez long d'une grande épopée intitulée *l'Américide*, dont le héros était Christophe Colomb. Chacun de ces commencemens forme deux ou trois feuillets, d'ordinaire de sa grosse écriture d'écolier, de cette écriture qui avait comme peur sans cesse de ne pas être assez lisible, et la tirade s'arrête brusquement, coupée le plus souvent par des *x* et *y*, par la *formule générale pour former immédiatement toutes les puissances d'un polynome quelconque* : je ne fais que copier. Vers ce temps, il construisait aussi une espèce de langue philosophique dans laquelle il fit des vers. Mais on a là-dessus trop peu de données pour en parler. Ce qu'il faut seulement conclure de cet amas de vers et de prose où manque, non pas la facilité, mais l'art, ce que prouve cette littérature poétique, blasonnée d'algèbre, c'est l'étonnante variété, exubérance et inquiétude en tous sens, de ce cerveau de vingt et un ans, dont la direction définitive n'était pas trouvée. Le soulèvement s'essayait sur tous les points et ne se faisait jour sur aucun. Mais un sentiment supérieur, le sentiment le plus cher et le plus universel de la jeunesse, manquait encore, et le cœur allait éclater.

Je trouve sur une feuille, dès long-temps jaunie, ces lignes tracées. En les transcrivant, je ne me permets point d'en altérer un seul mot, non plus que pour toutes les citations qui suivront. Le jeune homme disait :

« Parvenu à l'âge où les lois me rendaient « maître de moi-même, mon cœur soupirait « tout bas de l'être encore. Libre et insensible « jusqu'à cet âge, il s'ennuyait de son oisiveté. « Élevé dans une solitude presque entière, « l'étude et la lecture, qui avaient fait si long- « temps mes plus chères délices, me laissaient « tomber dans une apathie que je n'avais ja- « mais ressentie, et le cri de la nature répan- « dait dans mon âme une inquiétude vague et « insupportable. Un jour que je me promenais « après le coucher du soleil, le long d'un ruis- « seau solitaire... »

Le fragment s'arrête brusquement ici. Que vit-il le long de ce ruisseau? Un autre cahier complet de souvenirs ne nous laisse point en doute, et sous le titre : *Amorum*, contient, jour par jour, tout une histoire naïve de ses sentimens, de son amour, de son mariage, et va jusqu'à la mort de l'objet aimé. Qui le croirait? ou plutôt, en y réfléchissant, pourquoi n'en serait-il pas ainsi? Ce savant que nous avons vu chargé de pensées et de rides, et qui semblait n'avoir dû vivre que dans le monde des nombres, il a été un énergique adolescent; la jeunesse aussi l'a touché, en passant, de son auréole; il a aimé, il a pu plaire; et tout cela, avec les ans, s'était recouvert, s'était oublié. Il serait peut-être étonné comme nous, s'il avait retrouvé, en cherchant quelque mémoire de géométrie, ce journal de son cœur, ce cahier d'*Amorum* enseveli.

Pourtant il fallait penser à l'avenir. Le jeune Ampère était sans fortune, et le mariage allait lui imposer des charges. On décida qu'il irait à Lyon; on agita même un moment s'il n'entrerait pas dans le commerce; mais la science l'emporta. Il donna des leçons particulières de mathématiques. Logé grande rue Mercière, chez MM. Perisse, libraires, cousins de sa fiancée, son temps se partageait entre ses études et ses courses à Saint-Germain, où il s'échappait fréquemment. Cependant, par le fait de ses nouvelles occupations, le cours naturel des idées mathématiques reprenait le dessus dans son esprit; il y joignait les études physiques. La *Chimie* de Lavoisier, parue depuis quelques années, mais de doctrine si récente, saisissait vivement tous les jeunes esprits savans; et pendant que Davy, comme son frère nous le raconte, la lisait en Angleterre avec grande émulation et ardent désir d'y ajouter, M. Ampère la lisait à Lyon dans un esprit semblable. Les après-dîners, de quatre à six heures, lorsqu'il n'allait pas à Saint-Germain, il se réunissait avec quelques amis à un cinquième étage, place des Cordeliers, chez son ami Lenoir. Des noms bien connus des Lyonnais, Journel, Bonjour et Barret (depuis prêtre et jésuite), tous caractères originaux et de bon aloi, en faisaient partie. J'allais y joindre; pour avoir occasion de les nommer à côté de leur ami, MM. Bredin et Beuchot; mais on m'assure qu'ils n'étaient pas de la petite réunion même. On y lisait à haute voix le traité de Lavoisier, et M. Ampère, qui ne le connaissait pas jusqu'alors, ne cessait de se récrier à cette exposition si lucide de découvertes si imprévues.

Admirable jeunesse, âge audacieux, saison féconde, où tout s'exalte et coexiste à la fois, qui aime et qui médite, qui scrute et découvre, et qui chante, qui suffit à tout; qui ne laisse rien d'inexploré de ce qui la tente, et qui est tentée de tout ce qui est vrai ou beau! Jeunesse à jamais regrettée, qui, à l'entrée de la carrière, sous le ciel qui lui verse les rayons, à demi penchée hors du char, livre des deux mains toutes ses rênes et pousse de front tous ses coursiers!

Le mariage de M. Ampère et de Mlle Julie Carron eut lieu, religieusement et secrètement encore, le 15 thermidor an VII (15 août 1799), et civilement quelques semaines après. M. Ballanche, par un épithalame en prose, célébra, dans le mode antique, la félicité de son ami et les chastes rayons de l'étoile nuptiale du soir, se levant *sur les montagnes de Polémieux.* Pour le nouvel époux, les deux premières années se passèrent dans le même bonheur, dans les mêmes études. Il continuait ses leçons de mathématiques à Lyon, et y demeurait avec sa femme, qui d'ailleurs était souvent à Saint-Germain. Elle lui donna un fils, celui qui honore aujourd'hui et confirme son nom. Mais bientôt la santé de la mère déclina, et quand M. Ampère fut nommé, en décembre 1801, professeur de physique et de chimie à l'École centrale de l'Ain, il dut aller s'établir seul à Bourg, laissant à Lyon sa femme souffrante avec son enfant. Les correspondances surabondantes que nous avons sous les yeux, et qui comprennent les deux années qui suivirent, jusqu'à la mort de sa femme, représentent pour nous, avec un intérêt aussi intime et dans une révélation aussi naïve, le journal qui précéda son mariage et qui ne reprend qu'aux approches de la mort. Toute la série de ses travaux, de ses projets, de ses sentimens, s'y fait suivre sans interruption. A peine arrivé à Bourg, il mit en état le cabinet de physique, le laboratoire de chimie, et commença du mieux qu'il put, avec des instrumens incomplets, ses expériences. La chimie lui plaisait surtout; elle était, de toutes les parties de la physique, celle qui l'invitait le plus naturellement, comme plus voisine des causes. Il s'en exprime avec charme: « Ma chimie, écrit-il, a commencé aujour-« d'hui : de superbes expériences ont inspiré « une espèce d'enthousiasme. De douze audi-« teurs, il en est resté quatre après la leçon. Je « leur ai assigné des emplois, etc. » Parmi les professeurs de Bourg, un seul fut bientôt particulièrement lié avec lui; M. Clerc, professeur de mathématiques, qui s'était mis tard à cette science, et qui n'avait qu'entamé les parties transcendantes, mais homme de candeur et de mérite, devint le collaborateur de M. Ampère, dans un ouvrage qui devait avoir pour titre : *Leçons élémentaires sur les séries et autres formules indéfinies*. Cet ouvrage, qui avait été mené presque à fin, n'a jamais paru. C'est vers ce temps que M. Ampère lut dans le *Moniteur* le programme du prix de 60,000 francs proposé par Bonaparte, en ces termes : « Je désire donner en encouragement une somme de 60,000 francs à celui qui, par ses expériences et ses découvertes, fera faire à l'électricité et au galvanisme un pas comparable à celui qu'ont fait faire à ces sciences Franklin et Volta,... mon but spécial étant d'encourager et de fixer l'attention des physiciens sur cette partie de la physique, qui est, à mon sens, le chemin des grandes découvertes.» M. Ampère, aussitôt cet exemplaire du *Moniteur* reçu de Lyon, écrivait à sa femme : « Mille remerciemens à ton cousin de ce qu'il m'a envoyé, c'est un prix de 60,000 francs que je tâcherai de gagner quand j'en aurai le temps. C'est précisément le sujet que je traitais dans l'ouvrage sur la physique que j'ai commencé d'imprimer; mais il faut le perfectionner, et confirmer ma théorie par de nouvelles expériences.» Cet ouvrage, interrompu comme le précédent, n'a jamais été achevé. Il s'écrie encore avec cette bonhomie si belle quand elle a le génie derrière pour appuyer sa confiance : « Oh! mon amie, ma bonne amie, si M. de Lalande me fait nommer au lycée de Lyon et que je gagne le prix de 60,000 francs, je serai bien content, car tu ne manqueras plus de rien.....» Ce fut Davy qui gagna le prix par sa découverte des rapports de l'attraction chimique et de l'attraction électrique, et par sa décomposition des terres. Si M. Ampère avait fait quinze ans plus tôt ses découvertes électro-magnétiques, nul doute qu'il n'eût au moins balancé le prix. Certes, il a répondu aussi directement que l'illustre Anglais à l'appel du premier Consul, dans *ce chemin des grandes découvertes* : il a rempli en 1820 sa belle part du programme de Napoléon.

Mais une autre idée, une idée purement mathématique, vint alors à la traverse dans son esprit. Laissons-le raconter lui-même :

« Il y a sept ans, ma bonne amie, que je

« m'étais proposé un problème de mon invention, que je n'avais point pu résoudre directement, mais dont j'avais trouvé par hasard une solution dont je connaissais la justesse sans pouvoir la démontrer. Cela me revenait souvent dans l'esprit, et j'ai cherché vingt fois à trouver directement cette solution. Depuis quelques jours cette idée me suivait partout. Enfin, je ne sais comment, je viens de la trouver avec une foule de considérations curieuses et nouvelles sur la théorie des probabilités. Comme je crois qu'il y a peu de mathématiciens en France qui puissent résoudre ce problème en moins de temps, je ne doute pas que sa publication dans une brochure d'une vingtaine de pages ne me fût un bon moyen de parvenir à une chaire de mathématiques dans un lycée. Ce petit ouvrage d'algèbre pure, et où l'on n'a besoin d'aucune figure, sera rédigé après-demain ; je le relirai et le corrigerai jusqu'à la semaine prochaine, que je te l'enverrai.... »

Et plus loin :

« J'ai travaillé fortement hier à mon petit ouvrage. Ce problème est peu de chose en lui-même, mais la manière dont je l'ai résolu

« et les difficultés qu'il présentait lui donnent « du prix. Rien n'est plus propre d'ailleurs à « faire juger de ce que je puis faire en ce « genre.... »

Et encore :

« J'ai fait hier une importante découverte « sur la théorie du jeu en parvenant à résou- « dre un nouveau problème plus difficile en- « core que le précédent, et que je travaille à « insérer dans le même ouvrage, ce qui ne le « grossira pas beaucoup, parce que j'ai fait un « nouveau commencement plus court que l'an- « cien.... Je suis sûr qu'il me vaudra, pourvu « qu'il soit imprimé à temps, une place de ly- « cée ; car dans l'état où il est à présent, il n'y « a guère de mathématiciens en France capa- « bles d'en faire un pareil : je te dis cela comme « je le pense, pour que tu ne le dises à per- « sonne. »

Le mémoire qui fut intitulé *Essai sur la théorie mathématique du jeu,* et qui devait être terminé en une huitaine, subit, selon l'habitude de cette pensée ardente et inquiète, un grand nombre de refontes, de remaniemens, et la correspondance est remplie d'annonces de l'envoi toujours retardé. Rien ne nous a mis plus à même de juger combien ce qui dominait chez M. Ampère, dès le temps de sa jeunesse, était l'abondance d'idées, l'opulence de moyens plutôt que le parti pris et le choix. Il voyait tour à tour et sans relâche toutes les faces d'une idée, d'une invention; il en parcourait irrésistiblement tous les points de vue; il ne s'arrêtait pas.

Je m'imagine (que les mathématiciens me pardonnent si je m'égare), je m'imagine qu'il y a dans cet ordre de vérités, comme dans celles de la pensée plus usuelle et plus accessible, une expression unique, la meilleure entre plusieurs, la plus droite, la plus simple, la plus nécessaire. Le grand Arnauld, par exemple, est tout aussi grand logicien que La Bruyère; il trouve des vérités aussi difficiles, aussi rares, je le crois; mais La Bruyère exprime d'un mot ce que l'autre étend. En analyse mathématique, il en doit être ainsi; le style y est quelque chose. Or, tout style (la vérité de l'idée étant donnée) est un choix entre plusieurs expressions; c'est une décision prompte et nette, un coup d'état dans l'exécution. Je m'imagine encore qu'Euler, Lagrange, avaient cette expression prompte, nette, élégante, cette économie continue du développement, qui s'alliait à leur fécondité intérieure et la servait à merveille. Autant que je puis me le figurer par l'extérieur du procédé dont le fond m'échappe, M. Ampère était plutôt en analyse un inventeur fécond, égal à tous en combinaisons difficiles, mais retardé par l'embarras de choisir; il était moins décidément *écrivain.*

Une grande inquiétude de M. Ampère allait à savoir si toutes les formules de son mémoire étaient bien nouvelles; si d'autres, à son insu, ne l'avaient pas devancé. Mais à qui s'adresser pour cette question délicate? Il y avait à l'École centrale de Lyon un professeur de mathématiques, M. Roux, également secrétaire de l'Athénée. C'est de lui que M. Ampère attendit quelque temps cette réponse avec anxiété, comme un véritable oracle. Mais il finit par découvrir que les connaissances du bon M. Roux en mathématiques n'allaient pas là. Enfin, M. de Lalande étant venu à Bourg vers ce temps, M. Ampère lui présenta son travail, ou plutôt le travail, lu à une séance de la Société d'émulation de l'Ain, à laquelle M. de Lalande assistait, fut remis à l'examen d'une commission dont ce dernier faisait partie. M. de Lalande, après de grands éloges fort sincères, finit par demander à l'auteur des exemples en nombre de ces formules algébriques, ajoutant que c'était pour mettre dans son rapport les résultats à la portée de tout le monde. « J'ai conclu de tout cela, écrit M. Ampère, qu'il n'avait pas voulu se donner la peine de suivre mes calculs, qui exigent, en effet, de profondes connaissances en mathématiques. Je lui ferai les exemples; mais je persiste à faire imprimer mon ouvrage tel qu'il est. Ces exemples lui donneraient l'air d'un ouvrage d'écolier. » A la fin de 1802, MM. Delambre et Villar, chargés d'organiser les lycées dans cette partie de la France, vinrent à Bourg, et M. Ampère trouva dans M. Delambre le juge qu'il désirait et un appui efficace. Le mémoire sur la *Théorie mathématique du jeu*, alors imprimé, donna au savant examinateur une première idée assez haute du jeune mathématicien. Un autre mémoire sur l'*Application à la mécanique des formules du calcul des variations*, composé en très peu de jours à son intention, et qu'il entendit dans une séance de la Société d'émulation, ajouta à cette idée. Le nouveau mémoire que nous venons de mentionner, et qui eut aussi toutes ses vicissitudes (particulièrement une certaine aventure de charrette, sur le grand chemin de Bourg à Lyon, et dans laquelle il faillit être perdu), copié enfin au net, fut porté à Paris par M. de Jussieu et remis aux mains de M. Delambre, revenu de sa tournée. Celui-ci le présenta à l'Institut, et le fit lire à M. de Laplace. Cependant M. Ampère, nommé professeur de mathématiques et d'astronomie, avait passé, selon son désir, au lycée de Lyon.

Mais d'autres événemens non moins importans, et bien contraires, s'étaient accomplis dans cet intervalle. Au milieu de ces travaux continus, de ses leçons à l'École centrale, et des leçons particulières qu'il y ajoutait, on se figurerait difficilement à quel point allait la préoccupation morale, la sollicitude passionnée qui remplissait ses lettres de chaque jour. Il écrit régulièrement par chaque voyage du messager, la poste étant trop coûteuse. Ces détails d'économie, de tendresse, l'avarice où il est de son temps, l'effusion de ses souvenirs et de ses inquiétudes, l'espoir dans lequel il vit d'aller à Lyon à quelque courte vacance de Pâques, tout cela se mêle, d'une bien piquante et touchante façon, à son mémoire de mathématiques, au récit de ses expériences chimiques, aux petites maladresses qui parfois y éclatent, aux petites supercheries, dit-il, à l'aide desquelles il les répare. Mais il faut citer la promenade entière d'un de ses grands jours de congé : dans le commencement de la lettre, il vient de s'écrier comme un écolier : *Quand viendront les vacances!*

« .... J'en étais à cette exclamation, quand « j'ai pris tout-à-coup une résolution qui te « paraîtra peut-être singulière. J'ai voulu re- « tourner avec le paquet de tes lettres dans le « pré, derrière l'hôpital, où j'avais été les lire « avant mes voyages de Lyon, avec tant de « plaisir. J'y voulais retrouver de doux souve- « nirs dont j'avais, ce jour-là, fait provision, et « j'en ai recueilli au contraire de bien plus « doux pour une autre fois. Que tes lettres « sont douces à lire! il faut avoir ton âme pour « écrire des choses qui vont si bien au cœur, « sans le vouloir, à ce qu'il semble. Je suis resté « jusqu'à deux heures assis sous un arbre, un « joli pré à droite; la rivière, où flottaient d'ai- « mables canards, àgauche et devant moi. Der- « rière était le bâtiment de l'hôpital. Tu con-

« çois que j'avais pris la précaution de dire « chez Mme Beauregard, en quittant ma lettre, « pour aller à midi faire cette partie, que je « n'irais pas dîner aujourd'hui chez elle. Elle « croit que je dîne en ville ; mais, comme j'a- « vais bien déjeûné, je m'en suis mieux trouvé « de ne dîner que d'amour. A deux heures, je « me sentais si calme, et l'esprit si à mon aise, « au lieu de l'ennui qui m'oppressait ce matin, « que j'ai voulu me promener et herboriser. « J'ai remonté la Ressouse dans les prés, et en « continuant toujours d'en côtoyer le bord, je « suis arrivé à vingt pas d'un bois charmant, « que je voyais dans le lointain à une demi- « lieue de la ville et que j'avais bien envie de « parcourir. Arrivé là, la rivière, par un dé- « tour subit, m'a ôté toute espérance d'y par- « venir, en se montrant entre lui et moi. Il a « donc fallu y renoncer, et je suis revenu par « la route de Bourg au village de Cézeyriat, « plantée de peupliers d'Italie, qui en font une « superbe avenue;... j'avais à la main un pa- « quet de plantes. »

La jolie église de Brou n'est pas oubliée ailleurs dans ses récits. Voilà bien des promenades tout au long, comme les aimaient La

Fontaine et Ducis.—Je voudrais que les jeunes professeurs exilés en province, et souffrant de ces belles années contenues, si bien employées du reste et si décisives, pussent lire, comme je l'ai fait, toutes ces lettres d'un homme de génie pauvre, obscur alors, et s'efforçant comme eux ; ils apprendraient à redoubler de foi dans l'étude, dans les affections sévères : ils s'enhardiraient pour l'avenir.

Les idées religieuses avaient été vives chez le jeune Ampère à l'époque de sa première communion ; nous ne voyons pas qu'elles aient cessé complètement dans les années qui suivirent, mais elles s'étaient certainement affaiblies. L'absence, la douleur et l'exaltation chaste, les réveillèrent avec puissance. On sait, et l'on a dit souvent, que M. Ampère était religieux, qu'il était croyant au christianisme, comme d'autres illustres savans du premier ordre, les Newton, les Leibnitz, les Haller, les Euler, les Jussieu. On croit, en général, que ces savans restèrent constamment fermes et calmes dans la naïveté et la profondeur de leur foi, et je le crois pour plusieurs, pour les Jussieu, pour Euler, par exemple. Quant au grand Haller, il est nécessaire de lire le *journal* de sa vie pour découvrir sa lutte perpétuelle et ses combats sous cette apparence calme qu'on lui connaissait : il s'est presque autant tourmenté que Pascal. M. Ampère était de ceux-ci, de ceux que l'épreuve tourmente, et quoique sa foi fût réelle, et qu'en définitive elle triomphât, elle ne resta ni sans éclipses ni sans vicissitudes. Je lis dans une lettre de ce temps :

«... J'ai été chercher, dans la petite chambre au-dessus du laboratoire, où est toujours « mon bureau, le portefeuille en soie. J'en « veux faire la revue ce soir, après avoir ré- « pondu à tous les articles de ta dernière lettre, « et t'avoir priée, d'après une suite d'idées qui « se sont depuis une heure succédé dans ma « tête, de m'envoyer les deux livres que je te « demanderai tout à l'heure. L'état de mon es- « prit est singulier : il est comme un homme « qui se noierait dans son crachat... Les idées « de Dieu, d'Eternité, dominaient parmi celles « qui flottaient dans mon imagination, et après « bien des pensées et des réflexions singulières « dont le détail serait trop long, je me suis « déterminé à te demander le *Psautier fran-* « *çais* de La Harpe, qui doit être à la maison,

« broché, je crois, en papier vert, et un livre « d'*Heures* à ton choix. »

Il faudrait le verbe de Pascal ou de Bossuet pour triompher pertinemment de cet homme de génie qui se noie, nous dit-il, en sa pensée comme *en son crachat.* Je trouve encore quelques endroits qui dénotent un retour pratique : « Je finis cette lettre parce que j'entends sonner une messe où je veux aller demander la guérison de ma Julie. » Et encore : « Je veux aller demain m'acquitter de ce que tu sais et prier pour vous deux. » — Ainsi, vivant en attente, aspirant toujours à la réunion avec sa femme, il n'en voyait le moyen que dans sa nomination au futur lycée de Lyon, et s'écriait : « Ah ! lycée, lycée, quand viendras-tu à mon « secours ? »

Le lycée vint, mais sa femme, au terme de sa maladie, se mourait. Les dernières lignes du journal parleront pour moi, et mieux que moi :

« 17 avril (1803), dimanche de Quasimodo. « — Je revins de Bourg pour ne plus quitter « ma Julie.

« ... 15 mai, dimanche. — Je fus à l'église « de Polémieux, pour la première fois depuis « la mort de ma sœur.

« ... 7 juin, mardi, saint Robert. — Ce jour « a décidé du reste de ma vie.

« 14, mardi. — On me fit attendre le petit-« lait à l'hôpital. J'entrai dans l'église d'où sor-« tait un mort. Communion spirituelle.

« ... 13 juillet, *à neuf heures du matin !*

« (Suivent les deux versets :)

« Multa flagella peccatoris, sperantem autem « in Domino misericordia circumdabit.

« Firmabo super te oculos meos et instruam « te in viâ hâc quâ gradieris. Amen. »

C'est sous le coup menaçant de cette douleur, et à l'extrémité de toute espérance, que dut être écrite la prière suivante, où l'un des versets précédens se retrouve :

« Mon Dieu, je vous remercie de m'avoir « créé, racheté, et éclairé de votre divine lu-« mière en me faisant naître dans le sein de « l'Église catholique. Je vous remercie de m'a-« voir rappelé à vous après mes égaremens ; je « vous remercie de me les avoir pardonnés ; je « sens que vous voulez que je ne vive que « pour vous, que tous mes momens vous soient « consacrés. M'ôterez-vous tout mon bonheur « sur cette terre ? Vous en êtes le maître, ô mon

« Dieu ! mes crimes m'ont mérité ce châtiment. « Mais peut-être écouterez-vous encore la voix « de vos miséricordes : *Multa flagella pecca-« toris, sperantem autem*, etc. J'espère en vous, « ô mon Dieu ! mais je serai soumis à votre ar-« rêt, quel qu'il soit. J'eusse préféré la mort ; « mais je ne méritais pas le ciel, et vous n'a-« vez pas voulu me plonger dans l'enfer. Dai-« gnez me secourir pour qu'une vie passée dans « la douleur me mérite une bonne mort dont « je me suis rendu indigne. O Seigneur, Dieu « de miséricorde, daignez me réunir dans le « ciel à ce que vous m'aviez permis d'aimer « sur la terre. »

Ce serait mentir à la mémoire de M. Ampère que d'omettre de telles pièces quand on les a sous les yeux, de même que c'eût été mentir à la mémoire de Pascal que de supprimer son petit parchemin. M. de Condorcet lui-même ne l'oserait pas.

Sur la recommandation de M. Delambre, M. Lacuée de Cessac, président de la section de la guerre, nomma en vendémiaire an XIII (1805) M. Ampère répétiteur d'analyse à l'Ecole polytechnique. Celui-ci quitta Lyon qui ne lui offrait plus que des souvenirs déchirans, et arriva dans la capitale où pour lui une nouvelle vie commence.

De même qu'en 93, après la mort de son père, il ne parvint à sortir de la stupeur où il était tombé que par une étude toute fraîche, la botanique et la poésie latine, dont le double attrait le ranima; de même, après la mort de sa femme, il ne put échapper à l'abattement extrême et s'en relever que par une nouvelle étude survenante, qui fit, en quelque sorte, révulsion sur son intelligence. En tête d'un des nombreux projets d'ouvrages de métaphysique qu'il a ébauchés, je trouve cette phrase qui ne laisse aucun doute : « C'est en 1803 que je commençai à m'occuper presque exclusivement de recherches sur les phénomènes aussi variés qu'intéressans que l'intelligence humaine offre à l'observateur qui sait se soustraire à l'influence des habitudes. » C'était s'y prendre d'une façon scabreuse pour tenir fidèlement cette promesse de soumission et de foi qu'il avait scellée sur la tombe d'une épouse. N'admirez-vous pas ici la contradition inhérente à l'esprit humain, dans toute sa naïveté! la Religion, la Science, double besoin immortel! A peine l'une est-elle satisfaite dans un esprit puissant, et se croit-elle sûre de son objet et apaisée, que voilà l'autre qui se relève et qui demande pâture à son tour. Et si l'on n'y prend garde, c'est celle qui se croyait sûre qui va être ébranlée ou dévorée.

M. Ampère l'éprouva : en moins de deux ou trois années, il se trouva lancé bien loin de l'ordre d'idées où il croyait s'être réfugié pour toujours. L'idéologie alors était au plus haut point de faveur et d'éclat dans le monde savant : la persécution même l'avait rehaussée. La société d'Auteuil florissait encore. L'Institut ou, après lui, les Académies étrangères proposaient de graves sujets d'analyse intellectuelle aux élèves, aux émules, s'il s'en trouvait, des Cabanis et des Tracy. M. Ampère put aisément être présenté aux principaux de ce monde philosophique par son compatriote et ami, M. Degérando. Mais celui qui eut dès lors le plus de rapports avec lui et le plus d'action sur sa pensée, fut M. Maine de Biran, lequel, déjà connu par son mémoire de *l'Habitude,* travaillait à se détacher avec originalité du point de vue de ses premiers maîtres.

M. Ampère ne retourna pas à Lyon ; il resta à Paris, plus actif d'idées et de sentimens que jamais. Il se remaria au mois de juillet même de cette année : ce second mariage lui donna une fille.

M. Ampère, si fortement occupé de métaphysique, ne s'y livrait pas exclusivement. Les mathématiques et les sciences physiques ne cessaient de partager son zèle. Six mémoires sur différens sujets de mathématiques, insérés tant dans le *Journal de l'École polytechnique*, que dans le Recueil de l'Institut (des savans étrangers), déterminèrent le choix que fit de lui, en 1814, l'Académie des sciences pour remplacer M. Bossut. Nommé secrétaire du Bureau consultatif des Arts et Métiers (mars 1806), il servait assidument les travaux de ce comité, et ne devint secrétaire honoraire que lorsqu'il eut donné sa démission en faveur de M. Thénard, dont la position était alors moins établie que la sienne. Il fut de plus successivement nommé inspecteur-général de l'Université (1808), et professeur d'analyse et de mécanique à l'École polytechnique (1809), où il n'avait été jusque-là qu'à titre de répétiteur, professant par intérim. En un mot, sa vie de savant s'étendait sur toutes les bases.

Dans l'histoire des sciences physico-mathématiques, comme va le faire connaître M. Littré, la mémoire de M. Ampère est à jamais sauvée de l'oubli, à cause de sa grande découverte sur l'électro-magnétisme, en 1820. Dans l'histoire de la philosophie, pourquoi faut-il que ce grand esprit, qui s'est occupé de métaphysique pendant plus de trente ans, ne doive vraisemblablement laisser qu'une vague trace? M. Maine de Biran lui-même, le métaphysicien profond près de qui il se place, n'a laissé qu'un témoignage imparfait de sa pensée dans son ancien traité de *l'Habitude* et dans le volume publié par M. Cousin. Après M. de Tracy, à côté de M. de Biran, M. Ampère venait pourtant à merveille pour réparer une lacune. M. Cousin a remarqué que ce qui manque à la philosophie de M. de Biran, où la *volonté* réhabilitée joue le principal rôle, c'est l'admission de l'*intelligence*, de la *raison*, distincte comme faculté, avec tout son cortége d'idées générales, de conceptions. Nul, plus que M. Ampère, n'était propre à introduire dans le point de vue, qu'il admettait, de M. de Biran, cette partie essentielle qui l'agrandissait. Lui, en effet, si l'on considère sa tournure métaphysique, il n'était pas, comme M. de

Biran, la *volonté* même, dans sa persistance et son unité progressive, il était surtout l'*idée*. Sans nier la sensation, trop grand physicien pour cela, sans la méconnaître dans toutes ses variétés et ses nuances, combien il était propre, ce semble, entre M. de Tracy et M. de Biran, à intervenir avec l'*intelligence* (1), et

(1) Nous pourrions citer, d'après les plus anciens papiers et projets d'ouvrages que nous avons sous les yeux, des preuves frappantes de cette large part faite à l'*intelligense*, qui corrigeait tout-à-fait le point de vue profond, mais restreint, de M. de Biran, et l'environnait d'une extrême étendue. Ainsi ce début qu'on trouve à un *plan d'une histoire de l'intelligence humaine* : « L'homme, sous le point de vue intellectuel, a la faculté d'acquérir et celle de conserver. La faculté d'acquérir se subdivise en trois principales : il acquiert par ses sens, par le déploiement de l'activité motrice qui nous fait découvrir les causes, par la réflexion qu'on peut définir la faculté d'apercevoir des relations, qui s'applique également aux produits de la sensibilité et à ceux de l'activité. On aperçoit des relations entre les premiers par la comparaison, entre les seconds par l'observation des effets que produisent les causes. On doit donc diviser tous les phénomènes que présente l'intelligence en quatre systèmes : le système sensitif, le système actif, le système comparatif, et le système étiologique. » Dans un résumé des idées psychologiques de M. Ampère, rédigé en 1811 par son ami M. Bredin, de Lyon, je trouve : « On peut rapporter tous les phénomènes psychologiques à trois systèmes : sensitif, cognitif, intellectuel. » Ce système cognitif et ce système intellectuel, qui semblent un double emploi, sont différens pour lui, en ce qu'il attribue seulement au système cognitif la dis-

à remeubler ainsi l'âme de ses concepts les plus divers et les plus grands ! Il l'aurait fait, j'ose le dire, avec plus de richesse et de réalité que les philosophes éclectiques qui ont suivi, lesquels, n'étant ni physiciens, ni naturalistes, ni mathématiciens, ni autre chose que psychologues, sont toujours restés, par rapport aux classes des *idées*, dans une abstraction et dans un vague qui dépeuple l'âme et en mortifie, à mon gré, l'étude. Par malheur, si M. de Biran se tient trop étroitement à cette volonté retrouvée, à cette causalité interne ressaisie, comme à un axe sûr et à un sommet, d'où émane tout mouvement, M. Ampère, moins retenu et plus ouvert dans sa métaphysique, alla et dériva au flot de l'idée. A travers ce domaine infini de l'intelligence, dans la sphère de la raison et de la réflexion, comme dans une demeure à lui bien connue, il alla changeant, remuant, déplaçant sans cesse les ob-

tinction du *moi* et du *non-moi*, qui se tire de l'activité propre de l'être d'après M. de Biran : il réservait au système intellectuel, proprement dit, la perception de tous les autres rapports. Quoique cela manque un peu de rigueur, la lacune signalée par M. Cousin chez M. de Biran était au moins sentie et comblée, plutôt deux fois qu'une.

jets; les classifications psychologiques se succédaient à son regard, et se renversaient l'une par l'autre; et il est mort sans nous avoir suffisamment expliqué la dernière, nous laissant sur le fond de sa pensée dans une confusion qui n'était pas en lui.

En attendant que la seconde partie de sa classification, qui embrasse les sciences *noologiques*, soit publiée, et dans l'espérance surtout qu'un fils, seul capable de débrouiller ces précieux papiers, s'y appliquera un jour, nous ne dirons ici que très peu, occupé surtout à ne pas être infidèle. M. Ampère, dans une note où nous puisons, nous indique lui-même la première marche de son esprit. Il voulait appliquer à la psychologie la méthode qui a si bien réussi aux sciences physiques depuis deux siècles : c'est ce que beaucoup ont voulu depuis Locke. Mais en quoi consistait l'appropriation du moyen à la science nouvelle? Ici M. Ampère parle d'*une difficulte première qui lui semblait insurmontable, et dont M. le Chevalier de Biran lui fournit la solution.* Cette difficulté tenait sans doute à la connaissance originelle de l'idée de cause et à la distinction du *moi* d'avec le monde extérieur. Il nous apprend aussi que, dans sa recherche sur le fondement de nos connaissances, il a commencé par rejeter l'existence *objective*, et qu'il a été disciple de Kant: « Mais repoussé bientôt, dit-il, par ce nouvel idéalisme, comme Reid l'avait été par celui de Hume, je l'ai vu disparaître devant l'examen de la nature des connaissances objectives généralement admises. » Tout ceci, on le voit, n'est qu'indiqué par lui, et laisse à désirer bien des explications. Quoi qu'il en soit, en s'efforçant constamment de classer les faits de l'intelligence selon l'ordre naturel, M. Ampère en vint aux quatre points de vue et aux deux époques principales qui les embrassent, tels qu'il les a posés dans la préface de son *Essai sur la Philosophie des Sciences*. Ceux qui ont fréquenté l'école des psychologues distingués de notre âge, et qui ont aussi entendu les leçons dans lesquelles M. Ampère, au Collége de France, aborda la psychologie, peuvent seuls dire combien, dans sa description et son dénombrement des divers groupes de faits, l'intelligence humaine leur semblait tout autrement riche et peuplée que dans les distinctions de facultés, justes sans doute, mais nues et un peu stériles, de nos autres maîtres.

Dès l'abord, dans la psychologie de ceux-ci, on distingue *sensibilité, raison, activité libre*, et on suit chacune séparément, toujours occupé, en quelque sorte, de préserver l'une de ces facultés du contact des autres, de peur qu'on ne les croie mêlées en nature et qu'on ne les confonde. M. Ampère y allait plus librement, et par une méthode plus vraiment naturelle. Si Bernard de Jussieu, dans ses promenades à travers la campagne, avait dit constamment en coupant la tige des plantes : « Prenons bien garde, ceci est du tissu cellulaire, ceci est de la fibre ligneuse; l'un n'est pas l'autre; ne confondons pas; le bois n'est pas la sève; » il aurait fait une anatomie, sans doute utile et qu'il faut faire, mais qui n'est pas tout, et les trois quarts des divers caractères, qui président à la formation de ses groupes naturels, lui auraient échappé dans leur vivant ensemble. — L'anatomie radicale psychologique, ce que M. Ampère appelle l'*idéogénie*, serait venue dans sa méthode, plus tard, à fond; mais elle ne serait venue qu'après le dénombrement et le classement complet. Mais surtout, la préoccupation des facultés distinctes ne scindait pas, dès l'abord, les groupes analogues, et ne les empêchait pas de se multiplier dans leur diversité.

La quantité de remarques neuves et ingénieuses, de points profonds et piquans d'observation, qui remplissaient une leçon de M. Ampère, distrayaient aisément l'auditeur de l'ensemble du plan, que le maître oubliait aussi quelquefois, mais qu'il retrouvait tôt ou tard à travers ces détours. On se sentait bien avec lui en pleine intelligence humaine, en pleine et haute philosophie antérieure au XVIIIe siècle; on se serait cru, à cette ampleur de discussion, avec un contemporain des Leibnitz, des Malebranche, des Arnauld; il les citait à propos familièrement, même les secondaires et les plus oubliés de ce temps-là, M. de la Chambre, par exemple; et puis on se retrouvait tout aussitôt avec le contemporain très présent de M. de Tracy et de M. de Laplace. On aurait fait un intéressant chapitre, indépendamment de tout système et de tout lien, des cas psychologiques singuliers et des véritables découvertes de détail dont il semait ses leçons. J'indique en ce genre le phénomène qu'il appelait de *concrétion*, sur lequel on peut lire l'analyse de M. Roulin, insérée dans l'Essai de classification des sciences. Je regrette que M. Roulin n'ait pas fait alors ce chapitre de *miscellanées* psychologiques, comme il en a fait un sur des singularités d'histoire naturelle.

A partir de 1816, la petite société philosophique qui se réunissait chez M. de Biran avait pris plus de suite, et l'émulation s'en mêlait. On y remarquait M. Stapfer, le docteur Bertrand, Loyson, M. Cousin. Animé par les discussions fréquentes, M. Ampère était près, vers 1820, de produire une exposition de son système de philosophie, lorsque l'annonce de la découverte physique de M. OErsted le vint ravir irrésistiblement dans un autre train de pensées, d'où est sortie sa gloire. En 1829, malade et réparant sa santé à Orange, à Hières, aux tiédeurs du midi, il revint, dans les conversations avec son fils, à ses idées interrompues; mais ce ne fut plus la métaphysique seulement, ce fut l'ensemble des connaissances humaines et son ancien projet d'universalité qu'il se remit à embrasser avec ardeur. L'Épître que lui a adressée son fils à ce sujet, et le volume de l'Essai de classification qui a paru, sont du moins ici de publics et permanens témoignages. M. Ampère, en même temps qu'il sentait la vie lui revenir encore, dut avoir en cette saison de pures jouissances. S'il lui fut jamais donné de ressentir un certain calme, ce dut être alors. En reportant son regard, du haut de la montagne de la vie, vers ces sciences qu'il comprenait toutes, et dont il avait agrandi l'une des plus belles, il put atteindre un moment au bonheur serein du sage et reconnaître en souriant ses domaines. Il n'est pas jusqu'aux vers latins, adressés à son fils en tête du tableau, qui n'aient dû lui retracer un peu ses souvenirs poétiques de 93, un temps plein de charmes. Les anciens doutes et les combats religieux avaient cessé en lui : ses inquiétudes, du moins, étaient plus bas. Depuis des années, les chagrins intérieurs, les instincts infinis, une correspondance active avec son ancien ami le père Barret, le souffle même de la restauration, l'avaient ramené à cette foi et à cette soumission qu'il avait si bien exprimée en 1803, et dont il relut sans doute de nouveau la formule touchante. Jusqu'à la fin, et pendant les années qui suivirent, nous l'avons toujours vu allier et concilier sans plus d'effort, et de manière à frapper d'étonnement et de respect, la foi et la science, la croyance et l'espoir en la pensée humaine et l'adoration envers la parole révélée.

Outre cette vue supérieure par laquelle il saisissait le fond et le lien des sciences, M. Ampère n'a cessé, à aucun moment, de suivre en détail, et souvent de devancer et d'éclairer, dans ses aperçus, plusieurs de celles dont il aimait particulièrement le progrès. Dès 1809, au sortir de la séance de l'Institut du lundi 27 février (j'ai sous les yeux sa note écrite et développée), il n'hésitait pas, d'après les expériences rapportées par MM. Gay-Lussac et Thénard, et plus hardiment qu'eux, à considérer le chlore (alors appelé acide muriatique oxigéné) comme un corps simple.

En 1816, il publiait, dans les *Annales de Chimie et de Physique*, sa classification naturelle des corps simples, y donnant le premier essai de l'application à la chimie des méthodes qui ont tant profité aux sciences naturelles. Il établissait entre les propriétés des corps une multitude de rapprochemens qu'on n'avait point faits, il expliquait des phénomènes, encore sans lien, et la plupart de ces rapprochemens et de ces explications ont été vérifiés depuis par les expériences. La classification elle-même a été admise par M. Chevreul dans le *Dictionnaire des Sciences naturelles*, et elle a servi de base à celle qu'a adoptée M. Beudant dans son *Traité de Minéralogie*. Toujours éclairé par la théorie, il lisait à l'Académie des Sciences, peu après sa réception, un mémoire sur la double réfraction, où il donnait la loi qu'elle suit dans les cristaux, avant que l'expérience eût fait connaître qu'il en existe de tels (1). En 1824, le travail de M. Geoffroy Saint-Hilaire sur la présence et la transformation de la vertèbre dans les insectes, attira la sagacité, toujours prête, de M. Ampère, et lui fit ajouter à ce sujet une foule de raisons et d'analogies curieuses, qui se trouvent consignées au tome second des *Annales des Sciences naturelles* (2). Lorsque M. Ampère reproduisit cette vue en 1832, à son cours du Collége de France, M. Cuvier, contraire en général à cette manière *raisonneuse* d'envisager

(1) Nous noterons encore, pour compléter ces indications de travaux, un Mémoire sur la loi de Mariotte, imprimé en 1814; un Mémoire sur des propriétés nouvelles des axes de rotation des corps, imprimé dans le Recueil de l'Académie des Sciences.

(2) *Annales des Sciences naturelles*, tom. II, pag. 295. M. N... n'est autre que M. Ampère.

l'organisation, combattit au même Collége, dans sa chaire voisine, le collègue qui faisait incursion au cœur de son domaine; il le combattait avec ce ton excellent de discussion, que M. Ampère, en répondant, gardait de même, et auquel il ajoutait de plus une expression de respect, comme s'il eût été quelqu'un de moindre : noble contradiction de vues, ou plutôt noble échange, auquel nous avons assisté, entre deux grandes lumières trop tôt disparues ! Si une observation de M. Geoffroy Saint-Hilaire avait suggéré à M. Ampère ses vues sur l'organisation des insectes, la découverte de M. Gay-Lussac sur les proportions simples que l'on observe entre les volumes d'un gaz composé et ceux des gaz composans, lui devenait un moyen de concevoir, sur la structure atomique et moléculaire des corps organiques, une théorie qui remplace celle de Wollaston (1). De même, une idée de Herschell, se combinant en lui avec les résultats chimiques de Davy, lui suggérait une théorie nouvelle de la formation de la terre. Cette théorie a été lucidement exposée

(1) On la trouve dans la *Bibliothèque universelle*, tom. XLIX, et en analyse dans un rapport de M. Becquerel (*Revue encyclopédique*, novembre 1832).

dans la *Revue des Deux Mondes*, en juillet 1833. On y peut prendre une idée de la manière de ce vaste et libre esprit : l'hypothèse antique, retrouvée dans sa grandeur; l'hypothèse à la façon presque des Thalès et des Démocrite, mais portant sur des faits qui ont la rigueur moderne.

Après avoir tant fait, tant pensé, sans parler des inquiétudes perpétuelles du dedans qu'il se suscitait, on conçoit qu'à soixante-et-un ans, M. Ampère, dans toute la force et le zèle de l'intelligence, eût usé un corps trop faible. Parti pour sa tournée d'inspecteur-général, il se trouva malade dès Roanne; sa poitrine, sept ans auparavant, apaisée par l'air du midi, s'irritait cette fois davantage : il voulut continuer. Arrivé à Marseille, et ne pouvant plus aller absolument, il fut soigné dans le collége, et on espérait prolonger une amélioration légère, lorsqu'une fièvre subite au cerveau l'emporta, le 10 juillet 1836, à cinq heures du matin, entouré et soigné par tous avec un respect filial, mais en réalité loin des siens, loin d'un fils.

Il resterait peut-être à varier, à égayer décemment ce portrait de quelques-unes de ces naïvetés nombreuses et bien connues qui composent, autour du nom de l'illustre savant, une sorte de légende courante, comme les bons mots malicieux autour du nom de M. de Talleyrand : M. Ampère, avec des différences d'originalité, irait naturellement s'asseoir entre La Condamine et La Fontaine. De peur de demeurer trop incomplet sur ce point, nous ne le risquerons pas. M. Ampère savait mieux les choses de la nature et de l'univers que celles des hommes et de la société. Il manquait essentiellement de calme, et n'avait pas la mesure et la proportion dans les rapports de la vie. Son coup d'œil, si vaste et si pénétrant au-delà, ne savait pas réduire les objets habituels. Son esprit immense était le plus souvent comme une mer agitée ; la première vague soudaine y faisait montagne ; le liége flottant ou le grain de sable y était aisément lancé jusqu'aux cieux.

Malgré le préjugé vulgaire sur les savans, ils ne sont pas toujours ainsi. Chez les esprits de cet ordre et pour les cerveaux de haut génie, la nature a, dans plus d'un cas, combiné et proportionné l'organisation. Quelques uns, armés au complet, outre la pensée puissante intérieure, ont l'enveloppe extérieure endurcie, l'œil vigilant et impérieux, la parole prompte, qui impose, et toutes les défenses. Qui a vu Dupuytren et Cuvier comprendra ce que je veux rendre. Chez d'autres, une sorte d'ironie douce, calme, insouciante et égoïste, comme chez Lagrange, compose un autre genre de défense. Ici, chez M. Ampère, toute la richesse de la pensée et de l'organisation est laissée, pour ainsi dire, plus à la merci des choses, et le bouillonnement intérieur reste à découvert. Il n'y a ni l'enveloppe sèche qui isole et garantit, ni le reste de l'organisation armée qui applique et fait valoir. C'est le pur savant, au sein duquel on plonge.

Les hommes ont besoin qu'on leur impose. S'ils se sentent pénétrés et jugés par l'esprit supérieur auquel ils ne peuvent refuser une espèce de génie, les voilà maintenus, et volontiers ils lui accordent tout, même ce qu'il n'a pas. Autrement, s'ils s'aperçoivent qu'il hésite et croit dépendre, ils se sentent supérieurs à leur tour à lui par un point commode, et ils prennent vite leur revanche et leurs licences. M. Ampère aimait ou parfois craignait les hommes; il s'abandonnait à eux, il s'inquiétait d'eux; il ne les jugeait pas. Les hommes (et je ne parle pas du simple vulgaire) ont un faible pour ceux qui les savent mener, qui les savent contenir, quand ceux-ci même les blessent ou les exploitent. Le caractère, estimable ou non, mais doué de conduite et de persistance même intéressée, quand il se joint à un génie incontestable, les frappe et a gain de cause, en définitive, dans leur appréciation. Je ne dis pas qu'ils aient tout-à-fait tort, le caractère tel quel, la volonté froide et présente, étant déjà beaucoup. Mais je cherche à m'expliquer comment la perte de M. Ampère, à un âge encore peu avancé, n'a pas fait à l'instant aux yeux du monde, même savant, tout le vide qu'y laisse en effet son génie.

Et pourtant (et c'est ce qu'il faut redire encore en finissant) qui fut jamais meilleur, à la fois plus dévoué sans réserve à la science, et plus sincèrement croyant aux bons effets de la science pour les hommes? Combien il était vif sur la civilisation, sur les écoles, sur les lumières! Il y avait certains résultats réputés positifs, ceux de Malthus, par exemple, qui le mettaient en colère, il était tout *sentimental* à cet égard; sa philanthropie de cœur se révoltait de ce qui violait, selon lui, la moralité nécessaire, l'efficacité bienfaisante de la science. D'autres savans illustres ont donné avec mesure et prudence ce qu'ils savaient; lui, il ne pensait pas qu'on dût en ménager rien. Jamais esprit de cet ordre ne songea moins à ce qu'il y a de personnel dans la gloire. Pour ceux qui l'abordaient, c'était un puits ouvert. A toute heure, il disait tout. Étant un soir avec ses amis, Camille Jordan et Degérando, il se mit à leur exposer le système du monde; il parla treize heures avec une lucidité continue; et comme le monde est infini, et que tout s'y enchaîne, et qu'il le savait de cercle en cercle en tous les sens, il ne cessait pas, et si la fatigue ne l'avait arrêté, il parlerait, je crois, encore. O science! voilà bien à découvert ta pure source sacrée, bouillonnante!—Ceux qui l'ont entendu, à ses leçons, dans les dernières années au Collége de France, se promenant le long de sa longue table, comme il eût fait dans l'allée de Polémieux, et discourant durant des heures, comprendront cette perpétuité de la veine savante. Ainsi, en tout lieu, en toute rencontre, il était coutumier de faire, avec une attache à l'idée, avec un oubli de lui-même qui devenait merveille. Au sortir d'une charade ou de quelque longue et minutieuse bagatelle, il entrait dans les sphères. Virgile, en une sublime églogue, a peint le demi-dieu barbouillé de lie, que les bergers enchaînent : il ne fallait pas l'enchaîner, lui, le distrait et le simple, pour qu'il commençât :

Namque canebat uti magnum per inane coacta
Semina, terrarumque, animæque, marisque fuissent,
Et liquidi simul ignis : ut his exordia primis
Omnia, etc., etc.

. . . .

Il enchaînait de tout les semences fécondes,
Les principes du feu, les eaux, la terre et l'air,
Les fleuves descendus du sein de Jupiter...

Et celui qui, tout à l'heure, était comme le plus petit, parlait incontinent comme les antiques aveugles,—comme ils auraient parlé, venus depuis Newton. C'est ainsi qu'il est resté et qu'i vit dans notre mémoire, dans notre cœur.

SAINTE-BEUVE.

II

PHYSIQUE.

Ce qui, chez les anciens, constituait la science de la physique, était surtout une recherche des conditions essentielles de la matière, une sorte de métaphysique sur les phénomènes naturels, laquelle s'efforçait de trouver dans une loi générale l'explication des faits particuliers. Ce que les modernes entendent par physique est, au contraire, une science qui commence par l'investigation des faits particuliers, et qui se propose, comme but suprême, de tirer de leur comparaison des lois de plus en plus générales, des formules de plus en plus compréhensives. C'est une longue expérience, c'est l'impuissance des méthodes divinatoires, c'est l'insuccès des esprits les plus hardis et les plus vigoureux qui a ramené les écoles modernes dans des spéculations hasardées aux observations patientes et minutieuses, et les théories destinées à expliquer les faits aux faits destinés à fonder les théories. Retrouver, dans les observations isolées qui se multiplient, le lien qui les unit ; mettre en relief, d'une manière évidente à tous, la raison cachée qui y est contenue ; arracher l'apparence trompeuse qui les montre différentes, et manifester, dans un fragment du système, un fragment de la loi universelle, c'est une des œuvres les plus difficiles de la science moderne ; c'est aussi une de celles qui importent le plus à son avancement et qui honorent le plus les efforts du génie.

M. Ampère, dans ce domaine des découvertes laborieuses et influentes, a signalé son nom par ses travaux éminents et définitifs sur le problème, si compliqué au premier coup d'œil, des phénomènes électro-magnétiques. Comme ses travaux formeront dans l'avenir la gloire principale de M. Ampère, et lui assureront un nom dans les annales de la science, il est important d'exposer, avec quelque détail, en quoi ils ont consisté. On avait déjà remarqué à différentes fois que l'électricité exerçait une action sur l'aiguille aimantée. Ainsi, la boussole, sur des vaisseaux frappés du tonnerre, perdait la propriété de se tourner vers le nord et de marquer la route du bâtiment. Quand ces flammes électriques, que les marins connaissent sous le nom de feux Saint-Elme, brillaient avec un vif éclat à la pointe des mâts, l'aiguille était, de la même façon, dépouillée de sa faculté caractéristique : ou bien les pôles en étaient renversés, de sorte que la pointe, qui se dirige vers le nord, se dirigeait vers le sud ; ou bien elle restait complètement insensible à l'action magnétique de la terre, et demeurait immobile dans toutes les positions. De fortes décharges d'électricité, produites avec la bouteille de Leyde ou une grande batterie, avaient modifié de la même manière, dans les expériences instituées pour cet objet, les aiguilles aimantées. On en avait conclu que l'électricité agissait par son choc, et l'on en était resté là. L'influence réciproque de cet agent et du magnétisme était à peine soupçonnée, et rien ne mettait encore sur la voie des faits merveilleux et des importantes conséquences que contenait l'examen de l'action entre une petite aiguille et un fil d'archal traversé par un courant électrique.

M. OErsted, physicien danois, qui s'entretenait depuis long-temps dans des inductions théoriques sur l'essence des fluides électrique et magnétique, découvrit, en 1820, un phénomène capital, qui est devenu le point de départ des travaux subséquens. Ce qui avait échappé à ses prédécesseurs, et ce qui n'échappa point à M. OErsted, c'est une condition à laquelle nul n'avait songé : à savoir, que l'électricité n'agit sur le magnétisme qu'autant qu'elle est en mouvement. En effet, le physicien danois mettant en action la pile voltaïque, et plaçant l'aiguille aimantée à portée du fil métallique qui en réunit les deux pôles, remarqua que l'aiguille est déviée de sa direction et qu'elle tend à se placer en croix avec le fil conducteur du fluide électrique. Voilà le fait dans sa simplicité primitive, fait qui ouvrit une vaste carrière aux découvertes et qui enrichit la science, en un court espace de temps, d'observations fécondes et de belles théories.

Ce ne fut pas M. OErsted qui s'engagea dans cette route : le fait bien observé, il l'interpréta mal. Les accidens très variés du phénomène lui firent illusion ; il ne sut rien y voir de constant, et il n'était pas assez maître de l'analyse mathématique pour ramener à un principe commun les mouvemens complexes qu'il observait. En effet, le pôle de l'aiguille aimantée qui se tourne vers le nord, est, par l'influence d'un courant électrique, porté soit vers l'orient, soit vers l'occident, suivant que le courant, auquel on donnera la direction du nord au sud, passe au-dessus ou au-dessous de l'aiguille. Les complications qui naissaient de ces variations et d'une foule d'autres analogues embarrassaient beaucoup les physiciens. M. OErsted supposa, pour expliquer les phénomènes, une sorte de tourbillon électrique qui, semblable aux tourbillons de Descartes, circulait en dehors du fil conducteur perpendiculairement à ce fil, entraînait l'aiguille, et la dirigeait de manière à la mettre perpendiculaire à la ligne de la plus courte distance qui la séparait du courant. Cette explication n'était, pour ainsi dire, que la reproduction du fait lui-même, contenait une hypothèse gratuite, et n'offrait aucun moyen de retrouver géométriquement les phénomènes particuliers dans une formule générale. Ce n'était point là une théorie dans la bonne acception du mot; ce n'était qu'une manière d'exprimer que l'aiguille aimantée se met en croix avec la direction du courant électrique. Mais cette idée, émise par M. OErsted, sans qu'il y attachât beaucoup d'importance, était tout-à-fait inacceptable pour les géomètres ; car, en supposant gratuitement une action rotatoire, elle renversait le principe même de la philosophie de Newton, principe suivant lequel toute action, attractive ou répulsive entre deux corps, s'exerce suivant la ligne droite qui les unit.

Telle est la première phase de l'électro-magnétisme. Un fait important, le fait d'une action constante de l'électricité en mouvement sur l'aiguille aimantée, est établi d'une manière incontestable. A M. OErsted en appartient l'honneur. Il ne s'agit plus de ces influences variables de la foudre ou du choc électrique sur la boussole ; il s'agit d'un phénomène aussi fixe que celui qui dirige le pôle sud de l'aiguille aimantée vers le pôle nord du monde, et qui, sans doute, est mystérieusement lié aux plus puissantes et aux plus universelles forces de la nature. Ce que la terre fait incessamment sur toute aiguille aimantée, le courant électrique le fait sur cette aiguille : par l'attraction du globe, elle dévie dans un sens déterminé, et se tourne toujours vers le nord ; par l'attraction du courant électrique, elle dévie avec non moins de constance, et se met toujours en croix avec lui. Ainsi, un phénomène, reconnu avec exactitude et précision, démontre une singulière affinité entre le magnétisme et l'électricité, signale des analogies merveilleuses entre l'action de la terre et l'action des courans électriques, et permet d'entrevoir que la science touche là à d'importans secrets. Remarquable lenteur dans la découverte des phénomènes naturels; il y a plusieurs siècles que l'on sait que le nord dirige l'aiguille de la boussole, et c'est hier seulement que l'on a appris qu'un courant électrique la dirige aussi.

Peut-être la science se serait-elle arrêtée long-temps devant l'observation de M. OErsted, et, égarée par des théories insuffisantes et fausses, comme par de vaines lueurs, aurait-elle perdu la voie véritable des découvertes qui devaient si rapidement l'enrichir. Mais heureusement il se trouva alors un esprit aussi systématique qu'habile à manier l'analyse mathématique; celui-là ne s'arrêta pas devant les apparences du phénomène. Trop habitué, par sa nature même, à remonter du particulier au général, trop instruit des lois rationnelles de la mécanique pour croire qu'il eût trouvé quelque chose d'important, s'il n'avait pas trouvé une formule qui contînt tous les faits sans exception, M. Ampère se mit à l'œuvre, et donna à la découverte de M. OErsted une face toute nouvelle et une portée inattendue. Non seulement il l'accrut par des observations fécondes, mais encore il la résuma dans une loi simple, qui ne laisse plus rien à désirer.

« Les époques, a dit M. Ampère dans sa *Théorie des phénomènes électro-dynamiques*, page 131, où l'on a ramené à un principe unique des phénomènes considérés auparavant comme dus à des causes absolument différentes, ont été presque toujours accompagnées de la découverte de nouveaux faits, parce qu'une nouvelle manière de concevoir les causes suggère une multitude d'expériences à tenter, d'explications à vérifier. C'est ainsi que la démonstration donnée par Volta, de l'identité du galvanisme et de l'électricité, a été accompagnée de la construction de la pile, et suivie de toutes les découvertes qu'a enfantées cet admirable instrument. » Ces réflexions de M. Ampère s'appliquent parfaitement à ses propres travaux. A peine eut-il saisi, par le calcul, la loi des nouveaux phénomènes, signalés, pour la première fois, par M. OErsted, que deux observations, de la plus haute importance, vinrent accroître la science, et récompenser magnifiquement les efforts du physicien français.

M. OErsted avait vu qu'un courant électrique exerce une action sur l'aiguille aimantée; M. Ampère pensa qu'une action semblable devait ê teexercée par deux courans électriques, de l'un sur l'autre. Ce n'était nullement une conséquence nécessaire et forcée de la découverte de M. OErsted, car on sait qu'un barreau de fer doux, qui agit sur l'aiguille aimantée, n'agit pas cependant sur un autre barreau de fer doux. Il se pouvait que le courant électrique fût, comme le barreau de fer, incapable d'agir sur un autre courant, tout en ayant une influence constante sur l'aiguille magnétique. Ce sujet de doute n'en était pas un pour M. Ampère, dont l'esprit systématique avait vu dès le premier abord (le fait de M. OErsted étant reconnu) la nécessité de celui qu'il cherchait à son tour. Mais il fallait le démontrer par l'expérience, seule capable en ceci de lever toutes les incertitudes. M. Ampère ne se montra pas moins ingénieux dans l'établissement de l'appareil nécessaire à sa démonstration, qu'il ne s'était montré doué d'une sagacité pénétrante en devinant le phénomène qui allait s'accomplir sous ses yeux. Il s'agissait de rendre un courant électrique mobile; il le rendit mobile; et quand toutes les conditions de l'expérience furent établies, quand l'éléctricité circula dans les deux fils qu'il avait mis en présence, celui auquel une disposition ingénieuse avait permis de changer de position, obéit à la force qui le sollicitait, et vint prendre la direction que les prévisions de M. Ampère lui avaient assignée. C'est certainement une heure de pures et nobles jouissances, lorsque le savant, attentif à dévoiler les merveilles de la nature, et plus récompensé quand il lui arrache un de ses secrets, que celui sous les yeux duquel brille soudainement un trésor enfoui, voit s'accomplir un phénomène qu'il a pressenti, se manifester l'effet d'une force mystérieuse, et agir une de ces grandes lois qui entrent dans les rouages du monde.

M. Ampère, par cette découverte, se plaçait sur un terrain tout nouveau, et jetait un jour inattendu sur l'affinité des deux agens que l'on appelle magnétisme et électricité. L'effet que l'électricité produisait sur le magnétisme, elle le produisait aussi sur elle-même, de telle sorte qu'auprès du grand fait, reconnu par M. OErsted, de l'action d'un courant électrique sur une aiguille aimantée, venait se ranger l'observation de M. Ampère sur une action identique entre deux courans. Le rapprochement était visible, les conséquences manifestes; et la science se trouvait ainsi toucher de plus près à ces agens merveilleux, dont les opérations viennent se mêler à tout. Rien de plus puissant en effet, rien de plus frappant, rien de plus magique que ces choses que les physiciens appellent fluides impondérables; que cette électricité et ce magnétisme, partout semés et partout agissans; que ces flammes destructives de la foudre, et ces brillantes et froides clartés qui parent les nuits des régions polaires; que ces attractions et ces répulsions singulières; que cette fidélité d'une aiguille aimantée à obéir à l'appel du pôle arctique; et cette pénétration irrésistible de l'électricité jusqu'entre les atomes qu'elle sépare et dissocie! Le moindre fait qui se rattache à ces agens est curieux et intéressant; mais combien ne le devient-il pas davantage quand, portant sur les conditions essentielles de leur existence, il permet de pénétrer profondément dans ces phénomènes placés si loin de notre intelligence, quoique si près de nos yeux?

La découverte que M. Ampère venait de faire le menait directement à une autre qui en était la conséquence et qui couronnait toutes ses recherches dans un champ si fécond pour lui. La terre agissait sur l'aiguille magnétique; un courant électrique agissait de son côté et sur l'aiguille et sur un autre courant électrique; la terre devait donc exercer aussi une attraction sur un courant électrique, et lui donner une direction. Ce globe si grand, qui nous emporte, nous et tous les êtres vivans, autour de son soleil; cette masse prodigieuse qui roule avec une effroyable rapidité dans les espaces; cette terre immense, couverte à sa surface de longues plaines, de montagnes escarpées et d'océans mobiles, est dans un rapport nécessaire et mystérieux avec la petite aiguille qui tremble sur la pointe acérée d'un pivot dans la boussole et oscille en obéissant. M. Ampère a trouvé à cette grande planète un autre rapport non moins constant, non moins délicat, non moins merveilleux, et il a fait voir qu'un fil d'archal mobile, dès qu'il venait à être traversé par un courant électrique, passait sous l'influence des forces occultes qui émanent du corps terrestre, et était dirigé aussi régulièrement qu'une mince aiguille d'acier aimanté, ou qu'une immense planète lancée éternellement dans la même orbite.

C'est ainsi que la science s'agrandit peu à peu, et qu'un fait, qui semble d'abord isolé, ouvre la voie à des conséquences inattendues et à des rapports dont le haut intérêt frappe les moins clairvoyans. La faible action qui s'exerce entre un courant électrique et une aiguille aimantée, a été le point de départ qui a conduit les physiciens jusqu'au globe de notre planète elle-même, et jusqu'aux puissances qui proviennent de ce grand corps. Le plus petit phénomène se lie au plus grand, et M. Ampère, en poursuivant dans des déductions inaperçues la découverte de M. OErsted, et en développant ce qu'elle contenait, mais ce que personne n'y voyait, a mis dans son plus beau jour cette faculté éminente qu'il possédait, de saisir les rapports des idées éloignées, et d'arriver, par des combinaisons conçues avec profondeur, à d'éclatantes vérités, qui font sa gloire. Certes, quand on considère le chemin parcouru par M. Ampère, on ne peut s'empêcher d'admirer cette sagacité divinatoire, ce génie systémati que, qui, dans l'action d'un courant électrique sur une aiguille aimantée, lui montre l'action de deux courans électriques l'un sur l'autre, et l'action de la terre sur tous les deux. L'homme le moins habitué aux spéculations de la physique comprendra qu'en tout ceci M. Ampère n'a rien dû au hasard, et qu'il n'a trouvé que ce qu'il a cherché. Le grand poète allemand Schiller, représentant Christophe Colomb voguant à la découverte d'un nouvel hémisphère, lui dit : « Poursuis ton vol vers l'ouest, hardi navigateur; la terre que tu cherches s'élèverait, quand bien même elle n'existerait pas, du fond des eaux à ta rencontre ; car la nature est d'intelligence avec le génie. » Il y a là, sous la forme d'une grande image et d'une splendide exagération, l'expression d'une des conditions les plus réelles du vrai génie dans les sciences, à qui les découvertes n'arrivent point par un hasard, mais qui va au devant d'elles par une sorte de pressentiment.

Il ne faut pas oublier de noter ici avec quelle adresse ingénieuse M. Ampère sut exprimer le mouvement de l'aiguille aimantée soumise à l'influence d'un courant électrique. Comme ce mouvement change suivant que le courant est placé au-dessus, au-dessous, à droite, à gauche de l'aiguille, rien n'est plus malaisé que d'énoncer, avec clarté et en peu de mots, la direction que l'aiguille prendra dans un cas donné. Par une supposition, bizarre si l'on veut, mais qui remplit merveilleusement son objet, M. Ampère a levé toutes les difficultés que l'on avait à exprimer les diverses relations du courant et de l'aiguille : il s'est montré, on peut le dire, aussi ingénieux dans cet artifice que dans la manière de préparer ses expériences. Il faut se représenter le courant électrique comme un homme qui a des pieds et une tête, une droite et une gauche ; il faut, en outre, admettre que l'électricité va des pieds, qui sont du côté du pôle zinc, à la tête, qui est du côté du pôle cuivre, et que cet homme a toujours la face tournée vers le milieu de l'aiguille. Cela étant ainsi conçu, le pôle austral de la boussole, c'est-à-dire celui qui regarde le nord, est toujours dirigé à la gauche de la figure d'homme que l'on suppose dans le courant. Rien de plus facile alors que de déterminer, pour chaque position du courant, la position correspondante de l'aiguille et de l'exprimer brièvement et clairement. C'est à M. Ampère qu'on le doit.

Ces expériences que je viens d'énumérer, et bien d'autres moins importantes que fit M. Ampère, je les ai exposées comme s'il les avait instituées pour examiner les phénomènes qui devaient se produire. Mais, dans la vérité, elles dérivaient pour lui d'une conception plus haute, d'une formule plus précise, d'une loi enfin qu'il avait trouvée et qui contenait, dans leurs détails les plus minutieux, tous les phénomènes de l'électro-magnétisme. Au point de vue où il se place, le fait découvert par M. OErsted n'est plus qu'un cas particulier; tout dérive d'un fait plus général, qui est l'action exercée par un courant électrique sur un autre courant. C'est cette action que M. Ampère soumet au calcul, et qu'il renferme dans une formule savante; et c'est de là, comme d'un point élevé, qu'il voit se dérouler devant lui tous les phénomènes électro-magnétiques, s'éclaircir ce qui paraît obscur, se simplifier ce qui paraît compliqué, se réduire à la loi générale ce qui paraît le plus exceptionnel, et se manifester dans tout son jour la régularité rationnelle de la nature. Voici la formule qui contient tout l'électro-magnétisme; avec elle, celui qui saurait le calcul, pourrait retrouver tous les faits, et un géomètre en déduirait même les phénomènes qu'il ne connaît pas: deux élémens de courant électrique, placés dans le même plan et parallèles, s'attirent en raison directe du produit des intensités électriques, et en raison inverse du carré de la distance si ces courans élémentaires vont dans le même sens, et se repoussent, suivant les mêmes lois, s'ils vont en sens contraire. Formule admirable qui a placé l'électro-magnétisme dans le domaine de la philosophie de Newton, en prouvant géométriquement que les mouvemens rotatoires observés étaient produits par une action en ligne droite.

Newton, lorsqu'il a dit que les corps s'attirent en raison directe de leur masse, et en raison inverse du carré de leur distance, a trouvé la forme qui contient l'explication des mouvemens planétaires; et l'on sait qu'en partant de ce principe si bref, et pourtant si fécond, lui et les géomètres qui l'ont suivi, ont expliqué mathématiquement, ont calculé rigoureusement, ont prévu d'avance les mouvemens de ces grands astres qui circulent incessamment autour du soleil. La loi n'a fait défaut nulle part; et soit qu'il s'agît de démontrer la marche de l'immense Jupiter et sa rotation rapide, ou de suivre Uranus, reculé jusqu'aux confins de notre monde, dans son orbite lointaine et dans son année de quatre-vingts de nos années; soit qu'il fallût appliquer la loi à la singulière disposition de l'anneau qui fait sa révolution autour de Saturne, ou à ces systèmes du monde en miniature, tels que les satellites de Jupiter ou notre propre lune, tout est venu se ranger dans les conséquences rigoureuses du fait générateur et suprême que Newton avait établi. De même sur l'étroit théâtre d'une observation entre une aiguille aimantée et un courant électrique, M. Ampère a jeté une de ces formules compréhensives d'où le calcul sait tirer l'explication de tous les phénomènes particuliers. Continuant ces généralisations, il vint à penser que l'aimant résultait d'une infinité de courans infiniment petits, circulant perpendiculairement à la ligne des pôles. Ce fut là le dernier terme où M. Ampère arriva, soit en faits, soit en théorie. La découverte de plusieurs phénomènes électro-magnétiques de la plus haute importance; l'établissement d'une formule simple qui les contient tous, la démonstration d'affinités de plus en plus grandes entre le magnétisme et l'électricité; enfin, une idée nouvelle sur la constitution du fluide magnétique dans les aimans; tels sont les résultats à jamais mémorables obtenus par M. Ampère sur cette branche si délicate et si curieuse de la physique. Mais il n'alla pas plus loin, et ni lui, ni ses disciples n'ont pu constituer un système de courans terrestres capables de représenter tous les phénomènes généraux d'inclinaison et d'intensité. C'était un problème inverse de celui qu'il avait résolu : les courans électriques étant donnés, il s'était agi de trouver les mouvemens qui résulteraient de leur action réciproque; dans le magnétisme terrestre, les effets d'inclinaison et d'intensité sont donnés, et il s'agit de constituer un système de courans qui y réponde. Depuis, la distribution du magnétisme terrestre a été reconnue : on sait déjà que M. le capitaine Duperrey l'a représenté, pour toute la surface du globe, d'après une loi qu'il fera connaître, aussitôt que les magnifiques cartes qu'il vient de terminer auront vu le jour : en sorte que le problème physique du magnétisme terrestre est complétement résolu, et que les expéditions scientifiques n'auront pas d'autre résultat que de confirmer la théorie.

M. Ampère savait ce que valaient ses hypothèses, et il était loin de les prendre pour des réalités physiques; il les regardait seulement comme représentant les phénomènes; mais il y tenait par cette considération très philosophique, que, quand même on remonterait plus haut dans l'explication de l'électro-magnétisme, quand même la science ferait des découvertes qui changeraient toutes les idées sur la constitution des deux fluides, néanmoins ses formules subsisteraient toujours. Elles pourraient devenir une loi particulière dans une loi plus générale, elles n'en resteraient pas moins véritables. Soit qu'on descende des hauteurs d'une science supérieure, soit qu'on remonte des élémens vers cette science, on rencontrera toujours comme un degré subsistant, comme une assise indestructible, la formule établie par M. Ampère. De même, nos neveux arriveraient-ils à connaître la cause de la pesanteur universelle, leurs études n'en repasseraient pas moins par la loi de Newton, et la nouvelle astronomie conserverait intactes, dans son sein, toutes les formules qui représentent les mouvemens des corps célestes. C'est ainsi que les théories mathématiques, contrairement aux systèmes philosophiques, sont choses permanentes et stables à toujours. Aussi M. Ampère, pour consoler Fourrier des contrariétés qu'il éprouva, rappelait-il à l'illustre auteur de la théorie mathématique de la chaleur que ses formules n'avaient plus rien à craindre, même des progrès ultérieurs de la science, et qu'une connaissance plus intime des phénomènes du calorique y ajouterait sans en rien retrancher. C'est cette propriété des théories mathématiques qu'il faut bien concevoir : elles s'ajoutent les unes aux autres, elles ne se remplacent pas.

Il fallait un homme comme M. Ampère, imaginant les expériences et les méthodes de calcul, pour débrouiller des phénomènes aussi compliqués en apparence que les phénomènes électro-dynamiques, et arriver à une loi aussi simple que celle qu'il a trouvée. Sans lui, ils seraient encore dans une confusion inextricable; la théorie en serait restée un dédale pour les physiciens, et par le fait c'est la plus difficile de toutes les théories. D'autres savans y avaient déjà échoué, et l'on peut juger, par leurs explications, quel conflit de théories, plus fausses les unes que les autres, auraient inondé la science sur cet objet.

Ce fut sans doute à cause de la profondeur de la loi qu'il avait découverte, et du genre de démonstration analytique qu'il employa, que M. Ampère éprouva tant de difficultés à la faire comprendre et admettre par les savans. Les physiciens français se montrèrent d'abord contraires, croyant que les idées théoriques de M. Ampère étaient opposées à la doctrine de Newton, d'après laquelle toutes les actions et réactions s'exercent suivant une ligne droite et jamais circulairement. Repoussé de toutes parts, ou plutôt mal écouté et mal compris, M. Ampère ne se décourageait pas ; il soumettait à Laplace tous ses calculs analytiques ; il prouvait aux géomètres que sa loi sur les attractions magnétiques et électriques rentrait dans le principe même de Newton, et que ces mouvemens gyratoires résultaient d'attractions et de répulsions directes. De tous les membres de l'académie, Fourier est peut-être le seul qui ait accueilli favorablement les idées de M. Ampère. Néanmoins aucune objection par écrit ne lui fut faite en France par des géomètres, et peu à peu les préventions étant tombées, les difficultés étant levées, et ses travaux ayant été enfin compris, sa théorie devint une acquisition définitive pour la physique.

La résistance des savans français fut cependant moins grande que celle des savans étrangers. Ceux-ci, trop incapables de suivre les déductions analytiques du physicien français, persistèrent dans leurs vagues explications sur le tourbillon électrique; Berzelius ne dit pas un mot de M. Ampère dans les avant-propos de physique qui sont à la tête de sa chimie; MM. Humphry Davy, Faraday, Seebeck, Delarive, Prévost, Nobili, et une foule d'autres savans élevèrent objections sur objections, toutes plus singulières les unes que les autres; et M. Ampère n'eut gain de cause en Angleterre, que lorsque M. Babbage qui, dans un voyage à Paris, avait reçu les explications orales du physicien français, eut rapporté à Londres une démonstration qui avait eu tant de peine à pénétrer parmi les savans : triomphe complet que les principes de la philosophie naturelle de Newton ont remporté, appuyés de l'autorité d'un géomètre français.

En même temps que M. Ampère était un mathématicien profond, un physicien ingénieux, et un homme capable de combiner les expériences et le calcul de manière à reculer les limites de la science, il était porté, par la nature de son esprit et par une prédilection particulière, vers les études métaphysiques. Il n'avait vu (pas plus au reste que Descartes, Leibnitz ou d'Alembert), dans ses travaux mathématiques, rien qui le détournât des hautes spéculations philosophiques. Après avoir professé, pendant quelque temps, la philosophie, il n'abandonna jamais cette étude, la cultiva à côté de celles qui lui avaient ouvert l'entrée de l'Institut, et il ne cessa, jusqu'à la fin de sa vie, d'y consacrer une partie de ses heures et une partie de ses forces. Beaucoup a été par lui médité, écrit, jeté dans des notes ; mais peu de chose a été livré à la publicité. Un volume, qu'il a fait imprimer sur une classification des sciences, est le plus important de ses travaux philosophiques. M. Ampère, dont l'esprit avide d'instruction se plaisait à se promener d'étude en étude, fut amené à considérer ce sujet d'un point de vue scientifique, et à essayer de refaire, sur un meilleur plan, ce qui avait été tenté plusieurs fois en vain, même par des hommes supérieurs. Toutes les fois que l'on réunit ensemble des généralités dans un ordre logique, il en ressort des enseignemens de toute nature, ainsi que plus de justesse dans les aperçus; et l'esprit humain, revenant ainsi sur lui-même, se rend mieux compte de ce qu'il a fait et de ce qu'il peut faire, reconnaît la voie qu'il avait suivie, apprend à chercher en connaissance de cause ce qu'il avait plutôt poursuivi par instinct, et acquiert ainsi une sorte de maturité scientifique dont les effets se font toujours heureusement sentir. Les idées générales que l'on rassemble et que l'on coordonne, les classifications qui en dépendent et qui naissent, comme elles, de l'examen approfondi des détails, développent la réflexion et sont semblables à ces retours que l'homme, à mesure qu'il avance en âge, fait sur lui-même, et qui constituent pour lui le résumé de son expérience et le meilleur fondement de sa moralité.

Les classifications ont toujours été une œuvre difficile. Ignorées dans l'enfance des sciences, où les choses sont vues en bloc, elles commencent à naître lorsque les objets particuliers commencent eux-mêmes à être mieux connus;

et d'essais en essais, elles se perfectionnent, c'est-à-dire se rapprochent de plus en plus des divisions établies dans la nature elle-même ; car c'est un fait remarquable que moins elles pénètrent au fond des choses, plus elles sont artificielles. Il en coûte beaucoup moins à l'homme d'inventer une méthode où il fait entrer, de gré ou de force, la nature incomplètement observée, que de saisir les caractères vrais et profonds qu'elle a imprimés aux choses.

La classification des sciences appartient de droit à la philosophie, et ce n'est pas une des moindres questions qu'elle se puisse proposer. En effet, si la philosophie a une double étude à poursuivre, celle de la psychologie et celle de l'ontologie, il est évident qu'une féconde instruction se trouvera pour elle dans l'usage que l'homme a fait de ses propres facultés et dans le jour sous lequel les diverses relations ontologiques, telles que celles du temps, de l'espace et de la substance, lui ont apparu. Entre la nature de l'esprit humain et ses applications, entre ses conceptions sur le monde et le monde lui-même, il est des rapports nécessaires, source d'idées profondes, qui ne ressortent jamais mieux que quand tout ce qui est appelé science se trouve rangé dans un ordre méthodique et réuni sous un seul coup d'œil.

On peut citer, comme exemple d'une classification artificielle des sciences, celle de l'Introduction de l'Encyclopédie, où elles sont disposées suivant trois facultés que l'on considéra comme fondamentales dans l'intelligence : la mémoire, la raison et l'imagination. Il en résulte (ce qui est, au reste, le vice de toutes les classifications artificielles) que les objets les plus disparates furent accolés les uns aux autres, et les plus analogues séparés. Ainsi l'histoire des minéraux, des végétaux, se trouve placée à côté de l'histoire civile ; la zoologie, séparée de la botanique par l'interposition, entre ces sciences, de l'astronomie, de la météorologie et de la cosmologie. M. Ampère, au contraire, a cherché une méthode naturelle qui rapprochât les sciences analogues et les groupât suivant leurs affinités. Comme il était parti d'un principe philosophique suivi avec rigueur, il en est résulté, dans son travail, une régularité remarquable. Voici quel est le principe qui y a présidé : Toute la science humaine se rapporte uniquement à deux objets généraux, le monde matériel et la pensée. De là naît la division naturelle en sciences du monde ou cosmologiques, et sciences de la pensée ou noologiques. De cette facon, M. Ampère partage toute nos connaissances en deux règnes ; chaque règne est, à son tour, l'objet d'une division pareille. Les sciences cosmologiques se divisent en celles qui ont pour objet le monde inanimé et celles qui s'occupent du monde animé; de là deux embranchemens qui dérivent des premières et qui comprennent les sciences mathématiques et physiques ; et deux autres embranchemens qui dérivent des secondes et qui comprennent les sciences relatives à l'histoire naturelle et les sciences médicales. La science de la pensée, à son tour, est divisée en deux sous-règnes, dont l'un renferme les sciences noologiques proprement dites et les sciences sociales ; et il en résulte, comme dans l'exemple précédent, quatre embranchemens. C'est en poursuivant cette division qui marche toujours de deux en deux, que M. Ampère arrive à ranger, dans un ordre parfaitement régulier, toutes les sciences, et à les mettre dans des rapports qui vont toujours en s'éloignant. Ce tableau, s'il satisfait les yeux, satisfait aussi l'esprit ; et c'est certainement avec curiosité et avec fruit que l'on voit ainsi se dérouler la série des sciences, et toutes provenir de deux points de vue principaux, l'étude du monde et l'étude de l'homme.

Sous ces noms que M. Ampère a classés, sous ces chapitres qu'il a réunis, se trouve renfermé tout ce que l'humanité a conquis et possède de plus précieux. Là est le grand héritage de puissance et de gloire que les nations se lèguent et que les siècles accroissent. Sans doute c'est un beau spectacle que d'observer les changements que l'homme a apportés dans le domaine terrestre ; ces villes qu'il a semées sur la surface de la terre et qui se forment, comme des ruches, à mesure que les essaims de l'espèce humaine se répandent de tous côtés ; ces forêts qu'il a abattues pour se faire une place au soleil ; ces routes et ces canaux qu'il a tracés ; ces excavations profondes qu'il a creusées pour y chercher les pierres, les métaux et la houille ; cette innombrable multiplication de végétaux qui lui sont utiles, substitués au luxe sauvage des campagnes désertes, tout cela atteste la puissance du travail humain. Mais ce travail est la moindre partie de ce que l'homme a fait ; le trésor de sciences, qui s'est accumulé depuis l'origine des sociétés, est plus précieux que tout ce qu'il a fait produire à la terre, édifié à sa surface, arraché à ses entrailles. Une catastrophe dissiperait en vain tous ces ouvrages de ses mains, il saurait à l'instant refaire ce qui aurait été détruit; sa condition n'en serait qu'un moment troublée et peut-être même les choses nouvelles sortiraient de ses mains plus régulières et moins imparfaites. Mais s'il venait à perdre ces sciences qui lui ont tant coûté à acquérir, si son savoir, oublié soudainement, périssait avec les livres qui le renferment, rien ne compenserait pour lui une pareille perte. Rentré dans une seconde enfance, il errerait, sans pouvoir les imiter et sans même les comprendre, parmi les monuments de générations plus puissantes, comme le Troglodyte au milieu des temples splendides et des ruines gigantesques de Thèbes aux cent portes; et il faudrait reprendre ce travail de découvertes, cet enseignement pénible acquis dont l'origine commence pour nous dans les nuages de l'histoire primitive, avec la civilisation égyptienne, et qui s'étend peu à peu sous nos yeux à toutes les races et sur tous les points du globe.

M. Ampère s'est complu à faire ressortir quelques uns des avantages secondaires que peut produire une classification vraiment naturelle des sciences. Qui ne voit qu'une pareille classification devrait servir de type pour régler convenablement les divisions en classes et sections d'une société de savans qui se partageraient entre eux l'universalité des connaissances humaines? Qui ne voit également que la disposition la plus convenable d'une grande bibliothèque, et le plan le plus avantageux d'une bibliographie générale, en seraient encore le résultat, et que c'est à elle d'indiquer la meilleure distribution des objets d'enseignement? Et si l'on voulait composer une encyclopédie vraiment méthodique, où toutes les branches de nos connaissances fussent enchaînées, au lieu d'être disposées par l'ordre alphabétique, dans un ou plusieurs dictionnaires, le plan de cet ouvrage ne serait-il pas tout tracé dans une classification naturelle des sciences?

Mais M. Ampère n'a pas oublié de signaler les points de vue plus élevés qui appartiennent à la classification des sciences, ou plutôt à ce qu'il appelle la mathésiologie. «Si le temps m'eût permis d'écrire un traité plus complet, dit-il page 22 de son *Essai sur la Philosophie des Sciences*, j'aurais eu soin, en parlant de chacune d'elles, de ne pas me borner à en donner une idée générale : je me serais appliqué à faire connaître les vérités fondamentales sur lesquelles elle repose; les méthodes qu'il convient de suivre, soit pour l'étudier, soit pour lui faire faire de nouveaux progrès; ceux qu'on peut espérer suivant le degré de perfection auquel elle est déjà arrivée. J'aurais signalé les nouvelles découvertes, indiqué le but et les principaux résultats des travaux des hommes illustres qui s'en occupent; et quand deux ou plusieurs opinions sur les bases mêmes de la science partagent encore les savans, j'aurais exposé et comparé leurs systèmes, montré l'origine de leur dissentiment, et fait voir comment on peut concilier ce que ces systèmes offrent d'incontestable. »

« Et celui qui s'intéresse aux progrès des sciences, et qui, sans former le projet insensé de les connaître toutes à fond, voudrait cependant avoir de chacune une idée suffisante pour comprendre le but qu'elle se propose, les fondemens sur lesquels elle s'appuie, le degré de perfection auquel elle est arrivée, les grandes questions qui restent à résoudre, et pouvoir ensuite, avec toutes ces notions préliminaires, se faire une idée juste des travaux actuels des savans dans chaque partie, des grandes découvertes qui ont illustré notre siècle, de celles qu'elles préparent, etc.; c'est dans l'ouvrage dont je parle que cet ami des sciences trouverait à satisfaire son noble désir. »

Il est très regrettable que M. Ampère n'ait pas exécuté un pareil projet. Un homme qui, comme lui, s'était occupé avec intérêt de toutes les sciences et en avait approfondi quelques unes, était éminemment propre à cette tâche. Exposer les idées fondamentales qui appartiennent à chaque science, déduire les méthodes suivant lesquelles elles procèdent, expliquer les théories qui y sont controversées, indiquer les lacunes que l'examen contemporain y découvre, tout cela forme un ensemble, touchant de très près à tous les problèmes philosophiques auxquels M. Ampère avait si longtemps songé. C'est par un détour revenir à l'investigation de l'esprit humain, c'est contempler l'instrument dans ses œuvres, la cause dans ses effets; et, à toute époque, une puissante étude ressortira de l'examen comparatif entre les sciences que l'homme crée et les facultés qu'il emploie à cette création; en ce sens et en bien d'autres, on peut dire que le progrès de la philosophie dépend du progrès du reste des connaissances humaines.

M. Ampère était porté, par la nature même de son esprit, vers l'examen des méthodes et l'étude des classifications. Il a publié divers essais en ce genre sur la chimie, sur la physiologie et sur la distinction des molécules et des atomes. Possesseur de connaissances spéciales profondes, ses vues élevées sur l'ordre dans les sciences et sur le lien qui en unit les diverses parties, le rendaient capable de composer, mieux que qui que ce soit, le programme d'un cours et d'en diriger l'esprit. Peut-être était-il moins apte à faire lui-même un cours élémentaire : cependant il a été longtemps professeur d'analyse à l'École polytechnique, et professeur de physique expérimentale au Collége de France.

Ses travaux mathématiques, parmi lesquels on cite ses *Considérations sur la Théorie mathématique du Jeu*, lui ouvrirent de bonne heure l'entrée de l'Académie des Sciences. M. Ampère est un remarquable exemple d'une vocation naturelle. Jamais il n'avait pris de leçons ; il avait seul étudié les mathématiques ; à treize ans il avait découvert des méthodes de calcul très élevées qu'il ne savait pas être dans les livres, et il se plaisait souvent à répéter que, dans ce travail solitaire de sa jeunesse, il avait appris autant de mathématiques qu'il en avait jamais su plus tard. A seize ans il avait appris le latin de lui-même. Cette habitude de s'instruire par ses propres efforts, cette curiosité pour de nouvelles connaissances ne l'abandonnèrent jamais; M. Ampère étudiait toujours, apprenait toujours, et avait sur toutes choses des idées originales et des aperçus profonds. Avec un esprit de sa trempe et une méthode d'apprendre comme la sienne, il n'en pouvait pas être autrement.

On prétend que je ne sais quel mathématicien, après avoir entendu réciter des vers, demanda : Qu'est-ce que cela prouve ? Ce n'est pas M. Ampère qui aurait fait une pareille question ; il avait un goût inné pour la belle et noble poésie, et il n'avait rien trouvé, dans ses profondes études sur la physique et la philosophie, qui diminuât sa sensibilité pour le charme des beaux vers. Il est des esprits sourds à cette harmonie, comme il est des oreilles pour lesquelles la musique n'est qu'un vain bruit; mais c'est une erreur de croire que l'étude des sciences émousse le sentiment de la poésie; bien plus, elles ont, quand elles atteignent certaines hauteurs, une naturelle affinité pour elle; et ce n'est pas sans avoir entrevu cette vérité, que le grand poète de Rome a dit : « Heureux celui qui peut connaître la cause des choses! »

Notre temps présent, qui a été jadis de l'avenir, deviendra à son tour du passé; et il arrivera une époque où toute notre science paraîtra petite. Ce que Sénèque a dit de son siècle, nous pouvons le répéter pour le nôtre: la postérité s'étonnera que nous ayons ignoré tant de choses. Le bruit des renommées ira en s'affaiblissant par la distance du temps, comme le son baisse et s'amortit par la distance de l'espace. Nos volumes, tout grossis par la science contemporaine, se réduiront à quelques lignes durables qui iront former le fond des livres nouveaux. Mais dans ces livres, à quelque degré de perfection qu'ils arrivent, quelque loin que soient portées les connaissances qu'ils renfermeront sur la nature, quelque élémentaire que puisse paraître alors ce que nous savons, une place sera toujours réservée au nom de M. Ampère et à sa loi si belle et si simple sur l'électro-magnétisme.

E. Littré.

ESSAI

SUR

LA PHILOSOPHIE

DES SCIENCES,

OU

EXPOSITION ANALYTIQUE D'UNE CLASSIFICATION NATURELLE DE TOUTES LES CONNAISSANCES HUMAINES.

SECONDE PARTIE.

DÉFINITION ET CLASSIFICATION DES SCIENCES NOOLOGIQUES.

Je viens de classer toutes les vérités qui se rapportent au MONDE MATÉRIEL; je vais maintenant faire un travail semblable à l'égard des vérités relatives à LA PENSÉE (1), considérée, soit en elle-même, soit dans les signes par lesquels les hommes se transmettent leurs idées, leurs sentimens, leurs passions, etc.; soit dans tous les développemens qu'elle prend à mesure que les sociétés humaines se développent elles-mêmes. Les divisions et subdivisions de ces vérités forment les sciences auxquelles j'ai donné le nom de *noologiques*. La plupart de ces divisions du

(1) On a vu, page 28, quel est le sens très général dans lequel je prends ce mot.

second règne présentent, avec celles qui leur correspondent dans le premier, des analogies fort remarquables, sur lesquelles j'appellerai plus tard l'attention du lecteur.

Mais je dois d'abord faire observer que quelles que soient ces analogies, il y aurait de graves inconvéniens à vouloir, qu'à l'égard des noms qu'on est obligé de créer pour désigner des sciences qui n'en ont point encore reçu, la formation de ces noms se fît exactement de la même manière dans les deux règnes; j'ai déjà remarqué, page 137, qu'une circonstance particulière à l'embranchement des sciences médicales oblige à adopter, relativement à ces sciences, un mode de nomenclature assez différent de celui que j'avais suivi pour les sciences des embranchemens précédens. Lorsqu'il est question de sciences noologiques, la nature du sujet exige encore d'autres changemens, sans lesquels les mots dont on ferait choix ne désigneraient pas avec assez de précision les sciences auxquelles ils doivent être appliqués, et surtout n'indiqueraient pas, à l'aide des idées accessoires que l'usage a jointes à ces mots, le vrai caractère de chaque science.

Je crois devoir m'arrêter un instant sur le mode de formation que j'ai suivi jusqu'ici, et sur les changemens que je pourrai être obligé d'y apporter par la suite.

1° Dans la formation des noms que j'ai cru devoir

adopter pour des sciences qui n'en avaient pas, j'ai employé la terminaison *logie*, d'abord pour des sciences du premier ordre, et ensuite pour des sciences du second et du troisième, seulement quand le mot qui précède cette terminaison n'avait point été employé dans le nom d'une science d'un ordre supérieur. C'est elle, en effet, que l'usage a consacrée pour désigner l'ensemble de toutes les vérités relatives à la *connaissance* de l'objet exprimé par ce mot. Ainsi, la *zoologie*, science du premier ordre, est la science qui comprend toutes les vérités relatives à la *connaissance* des animaux, comme la *zootechnie* réunit tout ce qui est relatif à l'*utilité* que nous en retirons. La *sémiologie*, quoique du second ordre, a pu avoir un nom de même terminaison, parce que le mot σημεῖον n'a pas été employé dans la science du premier ordre dont elle fait partie; et il en a été de même de la *traumatologie* qui est du troisième ordre, parce que le mot τραῦμα n'est pas entré dans la composition de ceux qui désignent les sciences du premier ou du second ordre dans lesquelles est comprise la traumatologie. A l'égard de cette terminaison en *logie*, je continuerai à suivre la même règle.

2° Jusqu'à présent, je ne me suis servi de la terminaison en *gnosie*, que pour désigner des sciences du second ordre comprenant seulement les vérités qui résultent d'une étude approfondie de l'objet que considère dans son ensemble la science du premier ordre dont celle du second fait partie. J'ai reconnu que tout en continuant de l'employer dans ce cas, je devais, en outre, m'en servir pour les sciences du troisième ordre, lorsqu'elles faisaient partie d'une science du second terminée en *logie*, mais toujours pour désigner la partie de cette dernière où l'objet dont elle s'occupe est étudié d'une manière approfondie. Ainsi, lorsque je donnerai le nom de *glossologie* à la science du premier ordre qui comprend tout ce qui est relatif au langage parlé ou écrit, celui de *glossognosie* désignera la science du second ordre, où l'on s'occupe des connaissances plus approfondies sur les langues, qui ne font pas partie de la *glossologie élémentaire;* tandis que quand j'aurai jugé convenable d'employer le mot *bibliologie* pour désigner une science du second ordre comprise dans la science du premier, à laquelle j'ai donné le nom de *littérature*, je me servirai de la dénomination de *bibliognosie* pour la seconde des deux sciences du troisième ordre comprises dans la *bibliologie*.

Je regrette beaucoup de n'avoir pas songé plus tôt à ce dernier emploi de la terminaison *gnosie*, et d'avoir en conséquence adopté par analogie la terminaison *oristique* pour une science de troisième ordre dont cette terminaison n'exprime l'objet que d'une manière incomplète. Cette science est celle que j'ai nommée *crasioristique* et à laquelle j'aurais dû donner le nom de *crasiognosie*. En effet, la crasiologie, science du second ordre, qui a pour objet d'étudier toutes les modifications qu'apportent dans l'organisation non seulement les tempéramens proprement dits, mais encore toutes les différences d'âge, de sexe, etc., se divise naturellement en deux sciences du troisième, dont la première se borne à décrire ces modifications telles qu'on les observe, c'est la *crasiographie*; et dont la seconde étudie ces mêmes modifications d'une manière plus approfondie.

Sans doute cette étude plus *approfondie* a surtout pour objet de déterminer d'nne manière plus précise la valeur des signes auxquels on reconnaît les tempéramens, de distinguer ceux qui sont vraiment caractéristiques, et ceux qui ne sont en quelque sorte qu'accessoires; mais elle doit comprendre aussi d'autres recherches sur les tempéramens, comme, par exemple, celles des *causes* qui peuvent leur donner naissance, et dont il est inutile de former une science à part, vu le petit nombre de vérités qui y sont relatives.

3° On a pu remarquer qu'au lieu de me servir d'un mot terminé en *gnosie*, pour désigner la seconde des deux sciences du second ordre comprises dans une science du premier, j'ai fait usage du nom de cette dernière en y joignant l'épithète : *comparée*. Tout en conservant ce mode de nomenclature pour des sciences du second ordre, je l'étendrai aussi, lorsque cela me paraîtra nécessaire, à des sciences du troisième ; mais, pour que ces deux emplois de l'épithète *comparée* ne puissent être confondus, je m'astreindrai constamment à la règle suivante.

Toutes les fois que l'épithète *comparée* se trouvera jointe à un nom employé pour désigner une science du premier ordre, la réunion de ce nom et de l'épithète *comparée* indiquera une science du second ordre ; lorsque, au contraire, la même épithète sera jointe à un nom qui n'aura été employé pour désigner aucune science du premier ordre, la même réunion servira à dénommer une science du troisième placée au troisième rang parmi celles dont se compose la science du premier ordre, à laquelle elle appartient ; soit que le nom auquel est jointe l'épithète *comparée* désigne une science du second ordre, comme on en verra un exemple dans l'emploi que je ferai de la dénomination de *législation comparée* ; soit que ce nom, emprunté à l'usage ordinaire, n'ait été employé dans ma classification pour aucune science du premier ordre ou du second ordre ; c'est ce dont on verra des exemples dans l'usage que je ferai des expressions : *géographie comparée*, et *histoire comparée*, que j'ai adoptées pour des sciences qu'il ne m'a pas paru possible de désigner aussi bien par aucune autre expression.

4° La terminaison *graphie* sera, dans la suite de cet ouvrage, comme dans la première partie, consacrée exclusivement aux sciences du troisième ordre, où l'on ne considère dans l'objet qu'on étudie, que ce qui est susceptible d'observation immédiate.

5° Dans le second règne, comme dans le premier, je n'emploierai la terminaison *oristique* que pour des sciences du troisième ordre, où l'on cherche à déterminer des inconnues que la nature des objets dont on s'occupe dérobe à l'observation immédiate. Mais je serai beaucoup plus rarement dans le cas d'avoir recours à cette terminaison, parce qu'elle se trouvera (d'après l'extension que, suivant ce que je viens de dire, je donnerai dorénavant à l'emploi de la terminaison *gnosie*) remplacée souvent avec avantage par cette dernière.

6° Je continuerai de réserver la terminaison *nomie* pour les sciences du troisième ordre, où il est question de déduire, de la comparaison des faits, les lois générales qui président aux changemens observés dans les objets que l'on considère.

7° On trouvera, dans ce qui suit, une nouvelle terminaison consacrée exclusivement aux sciences du troisième ordre, qui s'occupent de la formation ou de l'origine des objets qu'elles étudient. C'est la terminaison *génie*, que j'ai employée à l'imitation de M. Serres, quand il a donné les noms d'*ostéogénie*, d'*organogénie*, etc., à des sciences qui n'ont été établies sur leurs véritables bases que par les travaux de ce grand physiologiste.

CHAPITRE PREMIER.

SCIENCES NOOLOGIQUES QUI ONT POUR OBJET L'ÉTUDE DES FACULTÉS INTELLECTUELLES ET MORALES DE L'HOMME.

J'ai réuni dans ce chapitre toutes les sciences qui sont l'objet d'un cours ou d'un traité de philosophie. Les divisions et subdivisions que j'établis entre elles ont été, pour la plupart, faites depuis long-temps ; mais comme je l'ai déjà remarqué, les noms donnés aux diverses sciences qui résultent de ces divisions, ont des sens très divers, selon les différens systèmes des auteurs. Je vais tâcher de fixer les limites de chacune de ces sciencss et de les ranger dans l'ordre le plus naturel, de manière que chacune d'elles naisse en quelque sorte de la précédente. J'appellerai ainsi successivement l'attention sur les principales questions dont les philosophes se sont occupés, sans chercher toutefois à les résoudre : ce qui serait l'objet, non d'un ouvrage du genre de celui-ci, mais d'un traité complet de philosophie.

§ Ier.

Sciences du troisième ordre relatives à l'étude de la pensée considérée en elle-même.

Avant d'étudier la pensée dans ses rapports avec les êtres qu'elle nous fait connaître, avant d'examiner les diverses modifications qu'elle éprouve dans les différens hommes, suivant la diversité de leurs caractères, de leurs sentimens, de leurs passions, etc., on doit la considérer en elle-même.

a. Énumération et définitions.

1. *Psychographie*. Le premier pas à faire dans la carrière où nous entrons, c'est de reconnaître, par l'observation intérieure que l'homme, se repliant sur lui-même, peut faire de sa propre pensée, tous les faits intellectuels dont elle se compose et toutes les circonstances que présentent ces faits, de décrire les uns et les autres, tels que nous les observons, sans s'inquiéter de leur origine, ni de la vérité ou de la fausseté des jugemens et des *croyances* qui font partie de ces faits.

Je prends ici le mot de *croyances* dans le sens le plus général; j'y comprends tout ce que nous croyons vrai, soit que nous nous en soyons assurés nous-mêmes, soit que nous nous en rapportions à l'autorité d'autres hommes, soit qu'ayant admis une chose comme vraie à une époque antérieure à toutes celles que nous retrace la mémoire, nous persistions à la regarder comme telle, par suite d'une habitude profondément imprimée en nous, sans que nous puissions nous rappeler les circonstances où nous avons commencé à croire, ni les motifs qui nous y ont portés.

Ces diverses sortes de croyances doivent ici être signalées et décrites; quant à l'examen de leur vérité ou de leur fausseté, il appartient à d'autres sciences dont nous nous occuperons bientôt.

Cette étude, par simple observation, des faits intellectuels, conduit l'homme à distinguer en lui diverses facultés, et l'on sait combien les philosophes ont varié sur le nombre de ces facultés, les uns voulant les réduire à une seule, les autres en en admettant plusieurs ; d'autres encore, tels que le docteur Gall et son école, en les multipliant bien davantage.

De là d'interminables disputes, qu'on aurait peut-être prévenues, en constatant d'abord l'existence des divers faits intellectuels, tels que nous les observons, et en déduisant ensuite de ces mêmes faits la définition des facultés qu'ils supposent. Qui ne voit, en effet, que la distinction des diverses facultés n'est réellement qu'une classification de ces faits en groupes naturels, chacun de ces groupes étant rapporté à une faculté dont nous n'avons d'idée nette que par l'idée même que nous nous sommes formée de ce groupe. Plus une telle classification est détaillée et les caractères sur lesquels elle repose multipliés, plus le nombre de ces groupes et par conséquent celui des facultés correspondantes augmentent.

Quoi qu'il en soit, relativement à la manière dont on doit procéder dans cette première étude de la pensée humaine, le résultat de toutes les recherches qui s'y rapportent constitue une science à laquelle je crois devoir donner le nom de *psychographie*, du mot grec ψυχῆ qui m'a paru plus propre que tout autre à désigner l'ensemble des faits intellectuels, conformément à l'emploi qu'on en a déjà fait dans la composition du mot *psychologie* généralement adopté.

2. *Logique*. Il est de la nature même de la pensée humaine de ne concevoir, aux premières époques de son développement, un objet quelconque que comme existant, ou, si l'on veut, de le *croire*, par cela même qu'on le conçoit. C'est l'expérience qui apprend à l'enfant que des choses qu'il a conçues comme existantes peuvent souvent ne pas l'être ; et ce n'est qu'à mesure que sa raison se développe qu'il apprend à se défier de cette tendance d'abord irrésistible, qui lui est souvent si utile, mais qui lui fait croire aveuglément tout ce qu'on lui dit et tout ce qui se présente spontanément à son imagination. C'est ce qui arrive nécessairement dans le sommeil, où les lumières de l'expérience et de la raison ne nous éclairent plus ; tandis que l'homme, trop souvent trompé, finit quelquefois par tomber dans l'excès opposé. Le grand problème de l'intelligence humaine, c'est de distinguer, entre ces différentes idées, ces divers jugemens, ce qui est conforme à la vérité de ce qui n'est qu'un préjugé ou un jeu de l'imagination. Lorsqu'il s'agit d'idées que l'homme a reçues ou de jugemens qu'il a portés à des époques que sa mémoire lui retrace, cette distinction se fait en examinant la

manière dont il a acquis ces idées, les circonstances et les motifs qui ont déterminé le jugement qu'il en a porté, et c'est là l'objet de la science du troisième ordre, qui a reçu le nom de *logique*, que je lui conserverai.

Mais quand il s'agit d'idées, de croyances qui ont précédé toutes les époques que notre mémoire peut nous retracer, telles que celles que nous avons de la matière, et de l'existence, dans d'autres hommes, d'intelligences semblables à la nôtre, ce n'est plus sur l'examen des circonstances et des motifs qui les ont déterminées, que le même discernement du vrai et du faux peut être fondé, puisque nous n'avons plus aucun souvenir de ces circonstances et de ces motifs. Il ne doit donc plus appartenir à la logique et devient l'objet d'autres sciences dont il sera question dans le paragraphe suivant, et qui comprennent non seulement les idées et les croyances dont nous venons de parler, mais encore tout ce qui est relatif à la distinction entre les substances inertes et matérielles, et les substances motrices et pensantes, entre les êtres créés et l'Être infini et éternel dont ils ont reçu l'existence.

3. *Méthodologie*. Une autre science que l'on réunit ordinairement à la logique, mais que je crois devoir en distinguer, a pour objet d'enchaîner, d'une part, nos connaissances pour les disposer dans l'ordre le plus convenable, de l'autre, les jugemens qui

dérivent les uns des autres pour conclure de nouvelles vérités de celles qui nous sont connues. De là, les méthodes de classification, de raisonnement, d'induction, d'enseignement, etc.

Soit qu'il s'agisse de classer, de raisonner, de déduire ou d'enseigner, on peut suivre diverses méthodes; il est alors nécessaire de les comparer dans la vue de choisir celles qu'il convient de préférer suivant le but qu'on se propose d'atteindre et la nature des objets auxquels s'appliquent ces méthodes : ce qui nous conduit à conclure de ces comparaisons les lois générales d'après lesquelles le choix doit être fait. Je donnerai à cette science des méthodes le nom de *Méthodologie*.

4. *Idéogénie*. Mais quelles sont la source et l'origine de nos idées? Ne sont-elles que des transformations de nos sensations, comme Condillac a cherché à l'établir, ou bien, comme l'a dit Locke, ont-elles deux origines bien distinctes, dont l'une, la sensibilité, nous donne toutes les idées que nous avons des objets extérieurs, et dont l'autre, qu'il a nommée *réflexion*, nous fait connaître la nature et les phénomènes de la pensée? Par ce mot *réflexion* Locke voulait exprimer que, dans l'exercice de cette faculté, la pensée se repliait sur elle-même et acquérait ainsi les idées de sa propre existence, de ses actes et de ses facultés. Rien ne pouvait être plus mal choisi que ce mot pour désigner la faculté dont

il s'agit, parce qu'il a un sens tout différent dans le langage ordinaire, où il signifie l'attention concentrée pendant un temps plus ou moins long sur un sujet de quelque nature qu'il soit, que nous nous proposons d'étudier à fond. Au lieu de cette expression, on emploie aujourd'hui celle de *conscience*; et il est bien à regretter, pour les progrès de la science, que Locke ne s'en soit pas servi, parce que ce mot *conscience* ne se serait pas prêté à toutes les équivoques auxquelles a donné lieu le double sens du mot *réflexion*, et à l'aide desquelles on est allé jusqu'à présenter comme identiques les opinions que les deux philosophes dont il est ici question se sont proposé d'établir sur l'origine de nos connaissances, quoiqu'il n'y eût réellement dans ces opinions que cette seule analogie : qu'elles rejetaient l'une et l'autre la chimère des idées innées. Pour celui qui, bien convaincu que toutes nos idées sont acquises, cherche, indépendamment de tout système préconçu, et dans le seul but de connaître la vérité, quelles sont celles de nos facultés auxquelles nous devons ces idées, il est évident qu'il y a une opposition complète entre deux doctrines, dont l'une distingue deux sources de connaissances, et l'autre n'en admet qu'une. Enfin, outre ces deux opinions, ne pourrait-on pas être amené, par une analyse plus exacte de la pensée, à reconnaître qu'il y a encore d'autres facultés par lesquelles nous *acquérons* des idées qui ne sont ni sensibles, ni réflexives, telles, par exemple, que la faculté de concevoir des *rapports*, ou des *causes*, à laquelle nous devons les diverses espèces de conceptions dont j'ai parlé dans la note placée à la suite de la préface de cet ouvrage? Telles sont les questions dont s'occupe une quatrième science du troisième ordre qui a pour objet de rechercher l'origine de toutes nos idées et de discuter les diverses opinions des philosophes sur ce sujet; et c'est à cette science que je donnerai le nom d'*idéogénie*.

b. Classification.

Ces quatre sciences du troisième ordre embrassent toutes les questions que les philosophes peuvent agiter, toutes les vérités que l'homme peut connaître, relativement à la pensée considérée en elle-même; c'est pourquoi je les réunirai en une science du premier ordre, qui sera la **PSYCHOLOGIE**. En prenant ensemble les deux premières seulement, comme elles préparent la voie à l'étude des deux dernières, je les appellerai **Psychologie élémentaire**, et je donnerai le nom de **Psychognosie** à la réunion de la méthodologie et de l'idéogénie qui forment le complément de nos connaissances relatives à l'objet dont il est question. Voici le tableau de cette classification:

Science du 1er ordre.	*Sciences du 2e ordre.*	*Sciences du 3e ordre.*
PSYCHOLOGIE. . . .	Psychologie élémentaire.	Psychographie.
		Logique.
	Psychognosie.	Méthodologie.
		Idéogénie.

OBSERVATIONS. Nous avons vu jusqu'à présent les divisions et subdivisions de la classification naturelle des sciences du premier règne résulter des quatre divers points de vue sous lesquels un objet peut être successivement considéré. Le même principe expliquera et justifiera celles de la classification des sciences du second règne ; mais, comme je l'ai remarqué aux pages 43 et 4 de la première partie de cet ouvrage, ces quatre points de vu sont susceptibles de se modifier suivant la nature des objets auxquels ils s'appliquent. C'est en passant de l'étude du monde à celle de la pensée humaine, que ces modifications sont plus marquées, ainsi qu'on devait naturellement s'y attendre ; c'es ce qui m'engage à placer ici les remarques suivantes :

1° Les sciences cosmologiques étudiant des objets dont l'existence est indépendante de l'esprit qui les connaît, les erreurs, quelque dominantes qu'elles aient été à de certaines époques, ne peuvent être considérées comme faisant partie de ces sciences; et ce n'est que quand il peut rester des doutes, soit sur les faits, soit sur leur classification ou sur leurs causes, qu'il est bon de rapporter les diverses opinions qui ont été émises à ce sujet, en attendant que les doutes soient dissipés. Mais il n'en est pas de même dans les sciences dont nous allons nous occuper. Comme elles ont pour objet l'étude des facultés intellectuelles et morales de l'homme, les erreurs mêmes font ici partie de l'objet qu'on étudie. De là, la nécessité dans ces sciences de signaler les erreurs comme les vérités ;

2° Le caractère d'observation immédiate qui distingue le point de vue autoptique est moins marqué dans les sciences du second règne, parce que, à l'exception des faits intellectuels et moraux aperçus immédiatement par la conscience, on est dans ce règne bien plus souvent que dans le premier, obligé de suppléer à l'observation par d'autres moyens de connaître les vérités qui appartiennent néanmoins à ce premier point de vue. Telles sont, par exemple, toutes celles que nous ne connaissons que sur le rapport d'autrui ; mais à cet égard il n'y a point de différence réelle entre les sciences noologiques et les sciences cosmologiques, puisque, à l'exception de celles des vérités de l'embranchement des sciences mathématiques, dont chacun peut s'assurer par soi-même, nous ne pouvons en général connaître que sur le rapport d'autrui, les faits dont se compose la partie autoptique des autres sciences du premier ordre comprises dans le premier règne;

3° Quoique le point de vue cryptoristique présente toujours son caractère propre de recherche des choses cachées dans les objets que nous étudions, il se trouve souvent modifié en prenant une forme interprétative que j'ai déjà signalée à l'endroit de mon ouvrage que j'ai cité tout à l'heure, et dont on verra par la suite de nombreux exemples, lorsqu'il s'agira de l'interprétation des écrits et des monumens que nous ont laissés des peuples qui ne sont plus, des lois qui régissent les nations, des traités qui les lient, etc., etc.;

4° Quant au point de vue troponomique, il prend, dans les sciences noologiques encore plus souvent et plus complétement que dans les sciences cosmologiques, le caractère de discussion entre divers systèmes, que nous avons déjà signalé dans la première partie pour un grand nombre de ces dernières sciences. Ainsi, dans celles qui avaient pour objet l'utilité que nous retirons des corps inorganiques ou organisés que nous offre la nature, le point de vue troponomique avait constamment pour but le choix des moyens les plus propres à les faire servir à nos besoins; dans la botanique et la zoologie, ce même point de vue comprenait la comparaison des diverses méthodes de classification des végétaux et des animaux, afin de choisir celles qu'on devait préférer; dans l'hygiène, la nosologie et la médecine pratique, le but qu'on se proposait, lorsqu'on s'y occupait du troisième point de vue, était de déterminer le régime physique et moral le plus convenable à la santé, le traitement le mieux approprié aux diverses maladies en général, ou à chaque maladie en particulier, eu égard à l'état où se trouvait le malade et à toutes les circonstances de son idiosyncrasie.

Enfin, dans les sciences noologiques, le caractère distinctif du point de vue cryptologique consiste toujours tantôt à remonter aux causes des faits connus, tantôt à déterminer les effets qui doivent résulter de causes connues; seulement la recherche des causes se réduit plus souvent à celle des circonstances et des événemens qui ont amené les faits qu'il s'agit d'expliquer; et c est pourquoi les noms de plusieurs des sciences du troisième ordre correspondantes à ce point de vue, ont dû prendre dans le second règne la terminaison *génie*, à laquelle il n'avait pas été nécessaire de recourir lorsqu'il s'agissait des sciences cosmologiques.

La plupart des modifications dont nous venons de parler ne se manifestent point encore dans la psychologie. La psychographie présente le point de vue autoptique de cette science, sans qu'on puisse dire que le caractère de ce point de vue soit modifié. Seulement, ce n'est plus ici l'œil du corps qui observe comme dans la phytographie, par exemple, ou l'œil de l'intelligence comme dans l'arithmographie; mais l'œil de la conscience se repliant sur elle-même pour voir sa propre pensée et distinguer tous les élémens dont elle se compose.

Le caractère du point de vue cryptoristique se retrouve aussi sans modification dans la logique qui a pour objet de résoudre cette question si importante de la psychologie : la *vérité* ou la *fausseté* de nos jugemens. La méthodologie, où il est question de la comparaison de diverses méthodes de classer, de raisonner, de déduire ou d'enseigner, est évidemment le point de vue troponomique de la psychologie. Quant aux recherches qui se rapportent à l'origine des idées, et dont se compose l'idéogénie, elles présentent le point de vue cryptologique de la science de la pensée humaine, tel précisément que nous l'avons reconnu dans toutes les sciences dont nous nous sommes occupés dans la première partie de cet ouvrage.

§ II.

Sciences du troisième ordre relatives à l'étude de la pensée dans ses rapports avec la réalité des êtres.

Jusqu'ici, en étudiant l'intelligence humaine, on a dû admettre, comme dans toutes les autres sciences, l'existence du monde, tel que nous le concevons, celle d'intelligences semblables à la nôtre, dans les hommes avec lesquels nous vivons, et auxquels nous devons et les signes qui servent à exprimer et à analyser la pensée, et toutes les connaissances qu'ils nous transmettent à l'aide de ces signes. Mais après avoir ainsi étudié la pensée, on est conduit à se demander sur quoi est fondée cette conviction que nous avons de l'existence réelle de ce qui n'est pas nous-mêmes. Toutes les écoles de philosophie ont examiné cette grande question, et deux circonstances la rendent surtout difficile à résoudre; l'une est que dans le sommeil, quelquefois même lorsque nous sommes éveillés, cette conviction a lieu aussi pour des choses qui n'ont aucune réalité; l'autre est que les premières croyances de ce genre, base de toutes les autres, remontent à une époque dont la mémoire ne peut rien nous retracer. Cette époque est-elle celle même des premières sensations, ou lui est-elle postérieure? Doit-on refuser à ces croyances toute valeur objective, et les considérer comme des produits subjectifs des formes de la sensibilité, des catégories de l'entendement? Doit-on, suivant l'opinion d'un grand nombre de philosophes, les admettre, en les regardant néanmoins comme inexplicables, ou chercher, au contraire, à en rendre raison, comme d'autres l'ont tenté? Ces questions ne sont pas les seules que le philosophe ait à résoudre relativement à la réalité de tout ce que nous regardons comme existant hors de nous. Les questions les plus élevées (et sur lesquelles on a écrit de si nombreux ouvrages) relatives à la distinction de la substance matérielle et de la substance pensante, à l'existence et aux attributs, non seulement de l'âme humaine, mais de Dieu même; toute cette partie de la philosophie donne lieu à des recherches aussi profondes que multipliées, qui supposent la connaissance de tout ce que les diverses branches de la psychologie nous apprennent sur la nature de l'intelligence même par laquelle nous nous élevons à la contemplation de ces grands objets.

La difficulté et l'importance des recherches que nous venons d'indiquer, le nombre des questions qu'elles soulèvent, m'ont fait reconnaître que l'ensemble des résultats auxquels elles conduisent devait être considéré comme une science du premier ordre. Elle se divise en quatre sciences du troisième ordre, dont nous allons nous occuper successivement.

a. Énumération et définitions.

1. *Ontothétique.* Cette conviction de l'existence d'êtres différens de nous-mêmes, qui nous maîtrise

invinciblement sans que nous puissions la justifier par aucun raisonnement, et qui semble d'autant plus mystérieuse qu'on l'examine davantage, doit être signalée dans la psychographie comme un simple fait intellectuel parmi tous les autres et dont il convient de renvoyer ici l'examen. D'ailleurs, il faut admettre provisoirement l'existence réelle de nos organes, des corps qui nous environnent, et des autres hommes, dans les quatre sciences du troisième ordre dont se compose la psychologie, ainsi qu'elle a été admise dans toutes les sciences du règne cosmologique; car elle est nécessairement supposée, quand la psychographie étudie les sensations et les circonstances organiques qui en déterminent l'apparition, et qui, dans le cas où plusieurs sensations nous apparaissent simultanément, font qu'elles se confondent dans une sensation unique ou sont aperçues séparément, contiguës ou isolées les unes des autres; quand la logique s'occupe des moyens de discerner le vrai du faux dans les jugemens que nous portons par inductions ou sur le témoignage d'autrui; quand la méthodologie nous enseigne à déduire les conséquences des faits que nous avons observés, et à classer les corps d'après l'ensemble de leurs propriétés, et les rapports naturels qui existent entre eux; quand, enfin, l'idéogénie s'occupe de l'origine des idées sensibles que nous devons à l'action mutuelle des corps extérieurs et de nos organes.

Maintenant, il s'agit de reprendre cette conviction et de l'examiner en elle-même sous les quatre points de vue correspondans à ces quatre parties de la psychologie ; de chercher, sous le premier, de quelles idées élémentaires elle se compose ; sous le second, quels jugemens d'induction ont pu lui donner naissance ; sous le troisième, quelle méthode de raisonnement peut la justifier ; sous le quatrième, enfin, quelle est l'origine de ces mêmes idées élémentaires dont elle est formée. Ce sont autant d'emprunts qu'elle a faits à la psychographie, à la logique, à la méthodologie, et à l'idéogénie. On parvient ainsi à montrer que toutes les circonstances des faits *subjectifs* que nous observons dans le monde phénoménique de la sensibilité et de la conscience, ne pourraient pas s'y manifester, si les objets de cette conviction n'étaient pas réellement tels que nous les concevons, comme les mouvemens apparens que nous observons dans l'étendue phénoménique, que nous appelons le ciel, ne pourraient avoir lieu, si les mouvemens du système planétaire découverts par Copernic, les lois qui les régissent établies par Kepler, et les forces auxquelles ils sont dûs, que nous a révélées Newton, n'existaient pas réellement dans l'espace. En sorte que si, pour tous ceux qui ont examiné la question, l'existence réelle de ces mouvemens, de ces lois, de ces forces, est complétement démontrée par ce mode de raisonnement, qui, pour être indirect, n'en est pas moins concluant et auquel j'ai donné le nom de *synthèse inverse*, l'existence de la matière et celle des substances motrices et pensantes se trouvent démontrées aussi complétement et de la même manière.

Je sais que ce n'est point ainsi que les philosophes considèrent en général la question dont il s'agit ici ; mais comme je suis persuadé que les progrès des sciences philosophiques les amèneront nécessairement à l'envisager sous ce rapport, je n'ai pas hésité à former une science du troisième ordre de ce genre de recherches à laquelle j'ai donné le nom de *ontothétique* du mot ὢν, ὄντος, être, et de θέσις, l'action de poser, d'établir.

Mais, pour tracer d'une manière précise la ligne de démarcation qui distingue l'ontothétique des autres sciences dont nous nous occuperons dans ce chapitre, et en particulier de celles dont nous parlerons bientôt sous le nom d'*hyparctologie*, il faut faire attention que l'ontothétique se borne à expliquer comment nous découvrons qu'il existe autre chose que nous-mêmes et nos propres phénomènes, sans qu'elle décide rien sur la nature et les attributs de ce qui est ainsi hors de nous; qu'il n'est pas question, par exemple, dans l'ontothétique de savoir si la substance qui nous résiste est de la même ou d'une autre nature que celle qui meut notre corps, qui sent et qui pense en nous. Les sectateurs d'Epicure admettaient bien, comme distinct du reste du corps, un moteur sentant et pensant, mais ils le croyaient étendu et matériel, comme tout ce qui peut tomber sous nos sens. L'ontothétique ne va pas jusqu'à agiter une pareille question. Cette science aurait été la même pour ces philosophes et pour ceux qui admettaient l'opinion spiritualiste opposée à la leur. Ce n'est que quand on est arrivé à l'hyparctologie, où il s'agit, non plus de l'existence des êtres hors de nous, mais de la nature et des attributs de ces êtres, qu'une pareille question peut se présenter. Ainsi, la distinction précise entre ces deux sciences, est que l'une ne s'occupe que de l'existence des êtres dont nous parlons, et que l'autre en recherche la nature et nous en fait connaître les attributs.

2. *Théologie naturelle.* Nous ne pouvons observer que les œuvres du Créateur; c'est par elles que nous nous élevons jusqu'à lui. Comme les mouvemens réels des astres sont cachés par les mouvemens apparens, et que ce sont cependant ces mouvemens apparens qui nous font découvrir les mouvemens réels; de même Dieu est en quelque sorte caché dans ses ouvrages, et c'est par eux que nous remontons jusqu'à lui, et que nous entrevoyons même ses divins attributs. Depuis que les hommes se sont occupés de philosophie, jusqu'à l'époque où nous vivons, les preuves de l'existence de Dieu ont été le sujet de travaux d'un grand nombre d'auteurs, parmi lesquels s'offrent d'abord Platon, Descartes, Clarke, Fénelon, J.-J.

Rousseau, etc. Viennent ensuite les recherches moins brillantes, mais non moins utiles des auteurs qui, s'appuyant sur tout ce qu'une étude approfondie des sciences cosmologiques nous fait connaître à ce sujet, se sont particulièrement appliqués, parmi les preuves qu'on donne ordinairement de l'existence de Dieu, à en développer une des plus frappantes : celle qui résulte de l'accord admirable des moyens par lesquels l'ordre de l'univers se maintient et les êtres vivans trouvent dans leur organisation tout ce qui est nécessaire pour se conserver, se multiplier et jouir des facultés physiques et intellectuelles dont ils sont doués.

Ce sont les résultats de ces divers travaux qui forment la science du troisième ordre à laquelle on a donné le nom de *théologie, naturelle*, que j'ai dû lui conserver.

3. *Hyparctologie*. L'ontothétique avait pour objet de décrire cette espèce particulière de conception que nous avons de l'existence, hors du champ de la sensibilité et de la conscience, soit des corps, soit d'une substance qui meut nos organes, et est en même temps le *substratum* commun de nos sensations, de nos idées, de nos sentimens, de nos jugemens, du moi phénoménique et de la volonté, ainsi que de substances semblables et d'intelligences pareilles à la nôtre dans les autres hommes ; de montrer comment nous arrivons à ces conceptions, et d'établir qu'elles

sont différentes dans les divers individus, suivant le degré de connaissance auquel ils sont parvenus. Il reste à étudier parmi ces diverses manières de concevoir les substances, quelle est celle qui est conforme à la vérité, ce que nous pouvons démontrer relativement aux caractères qui distinguent la substance matérielle de la substance spirituelle, à l'action réciproque qu'elles exercent l'une sur l'autre, aux lois de cette action, etc. Comme, dans la science dont nous allons nous occuper, des recherches semblables doivent avoir lieu à l'égard de cette autre conception, objet de la théologie naturelle, par laquelle l'homme sort de tout ce qui est fini pour s'élever à son créateur, il est nécessaire, quand il s'agit de donner un nom à la science dont il est question dans cet article, de la tirer d'un mot qui désigne exclusivement les substances créées. J'ai d'abord été embarrassé à en trouver un convenable. Je me suis arrêté au mot d'*hyparctologie* qui m'a paru précisément avoir cette signification, l'adjectif ὑπαρκτὸς désignant ce qui *subsiste, ce qui existe,* en tant qu'il a un commencement et qu'il se trouve *dessous,* comme la substance matérielle est censée exister *sous* les phénomènes sensitifs, et l'âme humaine *sous* le moi phénoménique, puisque ce mot ὑπαρκτὸς vient du verbe ὑπάρχω qui est formé de la préposition ὑπὸ, *dessous,* et ἀρχὴ, *commencement, principe.*

Ceux qui s'occupent de cette branche de nos connaissances agitent encore des questions qui étaient déjà un objet de discussion chez les philosophes de l'antiquité. Une chose qu'on n'a peut-être pas assez remarquée, et que bien des lecteurs regardent sans doute comme un paradoxe, c'est que si plusieurs de ces questions sont restées jusqu'à présent sans solution, cela vient de ce qu'on les a traitées indépendamment des sciences du premier règne qui, seules, pouvaient fournir les données nécessaires pour les résoudre; de ce que les philosophes ont fait abstraction des résultats auxquels les mathématiciens et les physiciens ont été conduits relativement à l'existence et aux propriétés de la matière. Pour faire comprendre ma pensée à ce sujet, je crois devoir ajouter ici quelques réflexions sur la dépendance mutuelle qui, quoique méconnue, existe entre les questions ontologiques et ces résultats.

Si, d'abord, nous prenons pour exemple l'uranologie, nous verrons qu'elle se réduirait à l'uranographie, s'il n'existait réellement que des phénomènes et des rapports entre ces phénomènes. En effet, cette voûte bleue semée de points brillans, ce disque éclatant qui périodiquement nous ramène le jour, cette lumière plus douce, qui se montre chaque nuit sous une forme nouvelle, auraient la même existence phénoménique. Mais, comme le mouvement de la terre et des planètes autour d'un soleil un million de fois plus gros que notre globe, n'existe nulle part dans le monde des phénomènes, que dans ce monde les planètes ne décrivent pas des ellipses, que les aires n'y sont pas proportionnelles au temps, qu'il n'y a point d'attraction en raison inverse du carré de la distance, etc., les trois autres parties de l'uranologie n'auraient pas même de réalité phénoménique, et ne seraient que des fantaisies de notre imagination.

On a dit souvent que l'idéalisme de Berckley, que celui de Kant, de Fichte, etc., qui, dans ses conséquences, ne diffère pas du premier, anéantissaient toutes les sciences cosmologiques en niant la réalité de la matière; mais trop souvent on ne s'est point aperçu que ces sciences n'étaient pas moins anéanties, lorsqu'on admettait avec Dumarsais et tous les philosophes qui ont répété son étrange assertion : *Que les rapports ne sont que des vues de notre esprit*, au lieu de distinguer la conception du rapport qui fait effectivement partie de la pensée, de ce rapport lui-même, en tant qu'il existe à la manière dont existent les rapports entre les substances, avant que nous les ayons découverts. Autrement, il faudrait soutenir que ce n'est que depuis Kepler que, quand la distance d'une planète au soleil est *quatre fois* plus grande que celle d'une autre, le temps de sa révolution est huit fois plus grand; que ce n'est que depuis Newton que les planètes s'attirent en raison directe de leur masse, et en raison inverse du carré de leur distance, etc.; conséquences qu'aucun mathématicien, aucun physicien ne sera tenté d'admettre.

Examinons maintenant une question agitée par les philosophes depuis Empédocle et Epicure jusqu'aux écoles rivales des Descartes et des Newton. Suivant les uns, l'étendue était un attribut de la matière, et n'existait que là où existait le *sujet* de cet attribut; en sorte que la matière était nécessairement continue et qu'il ne pouvait y avoir ni espace vide, ni mouvement absolu, mais seulement des mouvemens relatifs. Suivant les autres, l'existence de l'étendue était indépendante de celle de la matière; celle-ci était formée d'atomes n'occupant qu'une portion de l'espace infini et immobile, où ils étaient séparés par des intervalles absolument vides, et où ils se mouvaient en occupant successivement différentes parties de cet espace. Sans doute, c'est de cette dernière manière que l'univers est conçu par tous ceux qui cultivent aujourd'hui les sciences cosmologiques. Mais ce qu'on n'a peut-être pas assez remarqué, c'est que la question dont il s'agit ici n'a été complétement résolue que depuis que, d'une part, les expériences de Fresnel ont prouvé que la lumière était produite par les vibrations d'un fluide, et que ces vibrations étaient transversales, c'est-à-dire, perpendiculaires à la direction du rayon lumineux; et que, d'autre part, le calcul a démontré que cette sorte de vibration était impossible dans un fluide continu, où les vibrations devenaient nécessairement longitudinales, tandis que les vibrations transversales pouvaient avoir lieu, si le fluide était composé d'atomes tenus à distance les uns des autres par des forces répulsives (1). Il est évident que, dans l'état actuel de nos connaissances, la seule ressource qui restât aux sectateurs d'Empédocle et de Descartes, pour défendre la *continuité de la matière*, était de supposer que le fluide lumineux est continu, et remplit complétement les intervalles qui se trouvent entre les atomes de tous les autres corps; or, c'est précisément cette ressource que leur enlèvent les expériences et les calculs dont nous venons de parler.

(1) Dans un fluide ainsi discontinu le calcul donne les deux espèces de vibrations; et comme il résulte de l'expérience que les seules vibrations transversales agissent sur l'organe de la vue, il faut admettre ou que cet organe n'est pas sensible à l'action des vibrations longitudinales, ou que par suite de quelques circonstances tenant à la nature de l'*éther*, il n'y a point dans ce fluide de vibrations longitudinales. Il me semble que cela pourrait bien venir de ce qu'il n'y a pas de pression; car les vibrations longitudinales sont produites par les condensations et raréfactions alternatives des diverses parties de l'éther, et dépendent par conséquent de la force élastique développée par ces condensations et raréfactions; et il est évident que quand il n'y a pas de pression, cette force élastique est comme infiniment petite relativement à la valeur qu'elle aurait pour un même changement de volume dans le cas où le fluide serait soumis à une pression. Les vibrations transversales au contraire ayant lieu sans que la portion de l'éther où elles existent change de volume, leur intensité ne saurait dépendre que de la pression.

Enfin, le principe sur lequel repose la mécanique, et par conséquent toutes les sciences cosmologiques qui s'appuient sur elle, savoir : que la matière ne peut changer d'elle-même son état de mouvement ou de repos, exige que l'on admette une substance immatérielle et motrice, partout où il y a mouvement spontané. On découvre ensuite que c'est dans cette substance que réside *la pensée*, quand on voit que les mouvemens spontanés de l'homme et des animaux lui obéissent.

La substance matérielle et la substance motrice et pensante ne nous sont connues que comme *causes* des phénomènes qu'elles produisent : les phénomènes sensitifs pour l'une, et ceux de la personnalité phénoménique pour l'autre. Mais les propriétés qu'elles ont de produire deux sortes de phénomènes nous sont immédiatement manifestées par la conscience que nous avons de ces phénomènes. La cause des causes, la substance créatrice et toute puissante, ne nous est connue, au contraire, que médiatement par ses œuvres. C'est pourquoi j'ai borné, ainsi que je l'ai dit tout à l'heure, à l'étude de la *nature* de la matière et de *celle* de l'âme humaine, la science du troisième ordre dont nous nous occupons maintenant; et j'ai réservé pour la science suivante tout ce qui est relatif à l'existence de Dieu.

4. *Théodicée.* Après que la théologie naturelle nous a conduit à reconnaître l'existence de l'Être

tout-puissant qui a créé l'homme et le monde, un nouveau sujet de recherches s'offre au philosophe : jusqu'à quel point peut-il, par les seules lumières de la raison, s'élever à la connaissance des attributs du Créateur ; quels sont ces attributs, et comment peut-on les concilier avec l'existence du *mal physique*, et surtout du *mal moral* ? Ces hautes questions, si admirablement développées par Clarke, Leibnitz, Wolf, etc., sont l'objet d'une quatrième science du troisième ordre, complément des trois précédentes, et que, conformément à l'usage, je nommerai *théodicée*.

b. Classification.

Toutes les vérités que nous pouvons connaître relativement à la réalité des objets existant hors de nous sont comprises dans les quatre sciences du troisième ordre que je viens de définir, et dont je fais une science du premier ordre sous le nom d'*ontologie*. Elle se divise en deux sciences du second ordre. La première est formée par la réunion de l'ontothétique et de la théologie naturelle ; je lui donnerai le nom d'ONTOLOGIE ÉLÉMENTAIRE. La seconde comprend l'hyparctologie et la théodicée ; et comme ces dernières sciences se composent de connaissances plus étendues et plus relevées, je désignerai la science qui les réunit sous le nom d'ONTOGNOSIE, c'est-à-dire, connaissance approfondie des êtres.

Le tableau suivant présente les classifications des

diverses sciences dont nous avons parlé dans ce paragraphe.

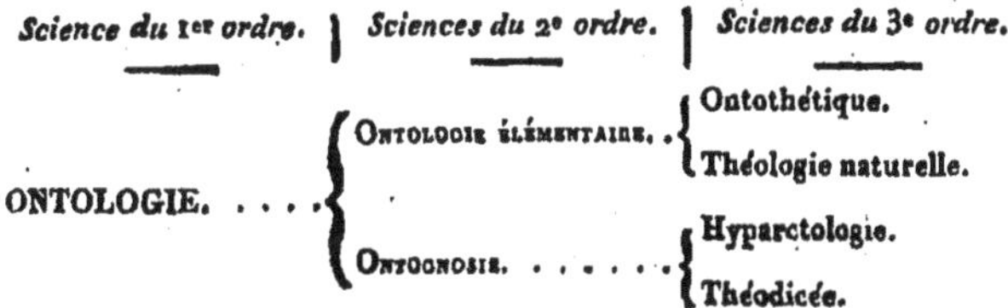

Science du 1er ordre.	*Sciences du 2e ordre.*	*Sciences du 3e ordre.*
ONTOLOGIE.	ONTOLOGIE ÉLÉMENTAIRE.	Ontothétique.
		Théologie naturelle.
	ONTOGNOSIE.	Hyparctologie.
		Théodicée.

OBSERVATIONS. Il résulte de ce que nous avons dit jusqu'ici sur le point de vue autoptique, que si dans les sciences cosmologiques il réunit tout ce qui nous est immédiatement connu par l'évidence mathématique ou par l'observation extérieure, que cette observation soit faite par nous-mêmes ou par autrui, il faut, pour connaître les faits dont se compose le même point de vue dans les sciences noologiques, avoir recours à cette vue intérieure appelée par Loke *réflexion*, et désignée aujourd'hui sous le nom bien plus convenable de conscience, quand il s'agit de notre propre pensée ; et au témoignage des autres hommes, lorsqu'il est question soit de la leur, soit de tout ce qui est relatif à la formation et au développement des sociétés humaines. Or, c'est par la conscience de notre propre pensée, ou par ce que les autres hommes nous apprennent de ce qu'ils pensent eux-mêmes, que nous connaissons immédiatement les diverses manières dont l'esprit humain conçoit les substances. L'ontothétique, qui a pour objet de décrire ces diverses manières sans les comparer ni les juger, présente donc le point de vue autoptique de l'ontologie. Les recherches relatives à l'existence de l'intelligence suprême, qui nous est révélée par le spectacle de ses ouvrages et par la nécessité qu'il y ait une cause à tout ce qui est fini, variable, susceptible de commencement et de fin, offre évidemment le point de vue cryptoristique de la même science dans la théologie naturelle. Quant à l'hyparctologie où il est question d'établir les lois de l'action réciproque de l'âme et du corps, la distinction de la substance matérielle et de la substance immatérielle, et les attributs qui caractérisent chacune d'elles ; il est aisé de reconnaître dans ces lois et dans les recherches relatives à la nature différente et aux attributs opposés des deux sortes de substances, le point de vue troponomique de l'ontologie. Enfin la théodicée qui nous fait remonter à la *cause* des *causes* et nous découvre tout ce que l'homme peut connaître par lui-même de l'existence et des attributs de la Divinité est bien le point de vue cryptologique de l'objet spécial de la science du premier ordre dont je viens d'établir les divisions.

§ III.

Sciences du troisième ordre relatives aux actions et à la conduite des hommes, aux motifs qui les déterminent, et à toutes les différences qui résultent entre eux de la diversité des caractères, des sentimens, des passions, etc.

Jusqu'ici nous avons considéré la pensée de l'homme en elle-même et dans les rapports avec la réalité des objets extérieurs. Mais l'homme n'est pas seulement un être *pensant*, il est doué d'activité et de volonté. Si dans la psychologie il est question de ces dernières facultés, ce n'est que d'une manière générale, comme faisant partie de nos moyens de *connaître ;* il s'agit maintenant de les étudier dans toutes les modifications que présentent les actions des hommes, selon les temps et les lieux, la diversité des caractères, des sentimens, des passions, etc. C'est l'objet des sciences dont nous avons à traiter dans ce paragraphe.

a. Énumération et définitions.

1. *Ethographie.* La première science qui se présente ici se compose de toutes les vérités que nous fournit l'observation des divers caractères, des divers sentimens, des diverses passions des hommes. Il existe sur ce sujet un grand nombre d'ouvrages, parmi lesquels on doit comprendre non seulement ceux de Théophraste et de Labrüyère, le Traité des sentimens moraux de Smith, etc., mais encore les écrits où l'on se propose de peindre toutes les nuances de caractères individuels ; écrits que l'on peut regarder comme autant de *monographies* appartenant à la science dont nous nous occupons. J'ai donné à cette science le nom d'*Ethographie*, du grec ἦθος, *caractère, mœurs.*

2. *Physiognomonie.* Mais les caractères, les passions des hommes qui se manifestent, quand dans leur conduite et leurs actions ils s'y abandonnent sans contrainte, restent cachés lorsqu'ils n'agissent pas, ou lorsqu'ils savent les dissimuler. Cependant des observateurs habiles, à la tête desquels il faut placer Lavater et le docteur Gall, sont parvenus à reconnaître, soit dans l'habitude du corps et les traits du visage, soit dans la conformation de la tête, des signes caractérisques du naturel, des dispositions internes et des passions des hommes. A l'art de déterminer ainsi les sentimens et les dispositions morales ou intellectuelles de l'homme d'après son extérieur, on a

donné depuis long-temps et je conserve le nom de *Physiognomonie*, de φυσιογνωμονία employé dans le même sens par les auteurs grecs, racine φύσις, *naturel*, *caractère*, γνώμων, *qui prend connaissance*. Il est évident d'après cette définition de la physiognomonie, que la science à laquelle on a donné le nom de phrénigiétique, n'est qu'une de ces subdivisions du quatrième ou du cinquième ordre, que je ne dois pas comprendre dans l'énumération des sciences dont cet ouvrage présente la classification naturelle.

3. *Morale pratique*. L'homme ne suit pas aveuglément comme l'insecte la seule impulsion des sentimens qu'il éprouve; il combine d'avance ses actions, il délibère sur ce qu'il doit faire ou ne doit pas faire; il agit d'après le résultat de ces délibérations et d'après les déterminations qu'il a reçues de son éducation et de ses rapports avec ses semblables. Il apprend à préférer au plaisir du moment le bonheur qu'il peut espérer plus tard. De là, tout ce qu'ont écrit tant de moralistes anciens et modernes sur les règles de conduite que l'homme doit adopter et sur la route qu'il faut suivre pour atteindre ce que les premiers désignaient sous le nom de *souverain bien*, les seconds sous celui de bonheur. L'exposition et la comparaison de leurs divers systèmes, le choix entre les opinions qu'ont émises sur ce sujet les différentes écoles, sont l'objet d'une science du troisième ordre à laquelle j'ai cru devoir donner le nom de *morale pratique*, parce qu'au

lieu d'être fondée sur la notion absolue du devoir, elle l'est sur l'intérêt personnel bien entendu, sur l'ordre établi dans la société et sur des opinions qui varient, soit chez différens peuples, soit chez un même peuple aux diverses époques de sa civilisation.

4. *Ethogénie*. Enfin, quelles sont les causes de cette diversité de caractères, de sentimens, de passions, que l'*éthographie* reconnaît dans les différens hommes? Comment les circonstances où ils se sont trouvés, leurs relations sociales, les différentes organisations qu'ils avaient reçues de la nature ont-elles déterminé ou modifié ces diverses manières d'être? Tel est l'objet d'une science du troisième ordre, pour laquelle j'ai fait le nom d'*Ethogénie*, en employant la terminaison *génie*, comme je l'ai expliqué page 7. L'influence des tempéramens, qui a été étudiée dans l'hygiène relativement à la vie physique des hommes, doit l'être ici à l'égard de leur vie morale.

b. Classification.

De l'ensemble de ces quatre sciences du troisième ordre, qui embrassent tout ce que nous pouvons connaître relativement aux caractères, aux mœurs, à la conduite morale des hommes, je forme une science du premier ordre qui est l'ÉTHIQUE, du grec ἠθικός, *qui concerne les mœurs*. Elle se divise en deux parties : d'abord l'ÉTHIQUE ÉLÉMENTAIRE, science du second ordre, qui embrasse l'éthographie et la physiognomonie; puis l'ÉTHOGNOSIE, ou connaissance plus approfondie des caractères, des sentimens et des passions des hommes, autre science du second ordre qui comprend la morale pratique, l'éthogénie, comme on le voit dans le tableau qui suit :

Science du 1er ordre.	*Sciences du 2e ordre.*	*Sciences du 3e ordre.*
ETHIQUE.	ETHIQUE ÉLÉMENTAIRE.	Ethographie.
		Physiognomonie.
	ETHOGNOSIE.	Morale pratique.
		Ethogénie.

OBSERVATIONS. Le lecteur a sans doute fait ici de lui-même l'application des quatre points de vue à l'objet spécial de ces sciences. L'éthographie, toute fondée sur l'observation immédiate, est autoptique ; la physiognomonie qui recherche une inconnue, est cryptoristique ; la comparaison des divers systèmes des moralistes et des écoles philosophiques, et les règles de conduite que prescrit la morale pratique, font reconnaître dans cette science le point de vue troponomique. Enfin l'éthogénie, qui se propose de découvrir les *causes* des divers caractères, sentimens, passions des hommes, constitue évidemment le point de vue cryptologique de l'objet spécial de l'*éthique*.

§ IV.

Sciences du troisième ordre relatives à la nature réelle de la volonté, au devoir et à la fin de l'homme.

De toutes les facultés de l'homme, celle qui joue le rôle le plus important, à laquelle toutes les autres sont en quelque sorte subordonnées, c'est la volonté. L'examen de cette faculté et des questions qui la concernent, a toujours occupé une place considérable dans les ouvrages des philosophes ; ce sera l'objet des sciences que nous allons parcourir dans ce paragraphe.

a. Énumération et définitions.

1. *Thélésiographie.* Qu'est-ce que la volonté? Quelle est sa nature? Est-elle *libre,* et en quoi consiste sa liberté? Ne faut-il pas distinguer la liberté de *vouloir* de la liberté de *faire* ce que l'on *veut*?... La réponse à ces questions et autres analogues, puisée dans la simple observation intérieure des faits, l'exposition des diverses opinions des philosophes sur cette grave matière, sont l'objet d'une science du troisième ordre, à laquelle je donne le nom de thélésiographie, de θέλησις, *volonté.*

2. *Dicéologie.* De même que l'intelligence a besoin de discerner le vrai du faux, et que la logique lui apprend à faire cette distinction, de même la volonté a besoin de distinguer le juste et l'injuste. Sur quoi est fondée cette dernière distinction? Peut-on la faire reposer sur l'intérêt, sur la tendance au bonheur qui existe dans tous les hommes, sur une simple convention sociale? ou ne faut-il pas, au contraire, reconnaître qu'elle est indépendante des opinions des hommes, comme les vérités mathématiques le sont des *formes* et de la nature de leur esprit, et que Dieu a créé l'homme pour accomplir le bien, comme pour connaître le vrai? Toutes les vérités qui résultent de l'examen de ces questions, constituent

une science du troisième ordre que je nomme *Dicéologie*, de τὸ δίκαιον, *le juste*.

3. *Morale apodictique*. Viennent maintenant les lois du devoir et les règles de conduite à suivre dans toutes les circonstances où l'on peut se trouver, fondées non plus sur l'intérêt personnel, mais sur l'amour du juste. Ces lois, dérivées de la comparaison de ce que l'homme *peut* faire, de ce qu'il *doit* faire, et de toutes les conséquences de ses actions, forment une science à laquelle je donne le nom de *morale apodictique*, du grec ἀποδεικτικός, *démonstratif*.

4. *Anthropotélique*. En partant de ce que les diverses branches de l'ontologie nous ont fait connaître sur la nature de l'âme humaine et les attributs de Dieu, on arrive, par une conséquence nécessaire, à la consolante perspective de l'immortalité de l'âme. Toutes les vérités qui se rapportent à cette question composent une science du troisième ordre, à laquelle j'ai donné le nom d'*Anthropotélique*, des deux mots grecs ἄνθρωπος, *homme*, et τελικός, *relatif à la fin*.

b. Classification.

L'objet spécial des quatre sciences du troisième ordre que nous venons de définir, était de faire connaître la nature de la volonté, les fondemens et les règles du devoir, la fin de l'homme; elles embrassent, dans leur ensemble, tout ce qui tient à ces grandes questions, et forment par leur réunion la science du premier ordre que j'appelle THÉLÉSIO-

LOGIE. Celle-ci se divise en deux sciences du deuxième ordre ; l'une, sous le nom de THÉLÉSIOLOGIE ÉLÉMENTAIRE, comprend la thélésiographie et la dicéologie, qu'on peut considérer comme des études préliminaires à celle de la morale apodictique et de l'anthropotélique. Ces deux dernières réunies forment la seconde science du second ordre comprise dans la Thélésiologie, et à laquelle je donne le nom de THÉLÉSIOGNOSIE, parce qu'elle renferme une connaissance plus approfondie de ce qui est l'objet de ces sciences. Voici le tableau de cette classification :

Science du 1er ordre.	*Sciences du 2e ordre.*	*Sciences du 3e ordre.*
THÉLÉSIOLOGIE. . .	THÉLÉSIOLOGIE ÉLÉMENTre.	Thélésiographie.
		Dicéologie.
	THÉLÉSIOGNOSIE.	Morale apodictique.
		Anthropotélique.

OBSERVATIONS. La thélésiographie est le résultat de la conscience que nous avons de notre liberté ; et quoiqu'elle s'occupe aussi des opinions opposées à ce que nous révèle cette vie intérieure de nous-mêmes, elle n'en doit pas moins être considérée comme le point de vue autoptique de la thélésiologie, puisque, ainsi que je l'ai dit, lorsqu'il est question des sciences noologiques, on doit regarder les opinions même erronées comme faisant partie de la science. La dicéologie est, par rapport à la thélésiologie, ce que la logique est à l'égard de la psychologie ; elle constitue, comme cette dernière et pour les mêmes raisons, le point de vue cryptoristique de la science du premier ordre dont elle fait partie. Quant à la morale apodictique qui diffère essentiellement de ce que j'ai nommé morale pratique, en ce qu'au lieu de reposer sur des bases *subjectives*, elle est fondée sur la réalité *objective* des devoirs imposés à tout être *libre* ; devoirs dont la vérité éternelle ne peut être comparée qu'à celle des rapports mathématiques de l'espace infini et nécessaire. Elle forme, par les lois générales qu'elle établit, le point de vue troponomique de la thélésiologie. L'anthropotélique, lorsqu'on scrute la nature des vérités dont elle s'occupe, a pour objet la solution des questions relatives au but de notre existence, solution qui, fondée sur l'enchaînement nécessaire des causes et des effets, pénètre dans ce que la nature humaine a de plus caché et de plus mystérieux ; et l'on ne peut méconnaître ici le point de vue cryptologique de la thélésiologie.

§ V.

Définitions et classification des sciences du premier ordre qui ont pour objet l'étude des facultés intellectuelles et morales de l'homme.

Après avoir parcouru toutes les sciences du premier ordre qui ont pour objet général l'étude des facultés intellectuelles et morales de l'homme, pour nous conformer au plan que nous avons suivi dans la première partie de cet ouvrage, nous nous arrêterons un instant pour montrer les limites respectives de ces sciences, les rapports qu'elles ont entre elles, et pour les classer à leur tour en embranchement et sous-embranchemens.

a. Énumération et définitions.

1. *Psychologie*. J'ai adopté le nom de *psychologie* pour me conformer à l'usage presque universellement adopté aujourd'hui de désigner sous ce nom l'étude de la pensée, fondée sur cette observation intérieure que les philosophes ont appelée réflexion ou cons-

cience. Le nom d'*idéologie*, que l'on a voulu substituer à celui de psychologie, est évidemment trop restreint, les idées ne faisant qu'une partie des objets qu'étudie la science dont il est ici question et qui ne s'occupe pas seulement des idées et de leur origine, mais encore des jugemens, des raisonnemens et des méthodes. Au reste, les faits intellectuels dont l'observation lui sert de base et toutes les déductions qu'on tire de ces faits sont absolument indépendans des diverses opinions qui ont été émises sur la nature de ce qui pense en nous. Ces faits sont les mêmes pour le spiritualiste et le matérialiste, quand ils portent dans leur examen le même soin et qu'ils y procèdent également par la méthode qu'on doit suivre dans toutes les sciences et qui consiste à enregistrer les faits avant de les comparer, à les comparer et à déduire de cette comparaison des lois générales qui puissent nous servir à remonter à leur cause. C'est à la science suivante, à l'ontologie, qu'appartiennent les recherches sur la nature de la substance pensante, comme celles qui sont relatives à la réalité de l'espace, de la matière, à l'existence et aux attributs de la puissance infinie, *cause première* de tout ce qui est.

2. *Ontologie.* Par tout ce que j'ai dit sur les quatre sciences du troisième ordre comprises dans l'ontologie j'ai suffisamment fait connaître l'objet de celle-ci; mais il me semble nécessaire d'ajouter une remarque importante sur les caractères qui la distin

guent de la seconde partie de la psychologie : la logique. Celle-ci soumet à l'examen les jugemens que nous portons tous les jours, et ceux que nous avons portés à des époques dont nous pouvons nous souvenir ; elle apprécie la valeur des divers motifs de ces jugemens, le sens intime, l'évidence, le témoignage des sens, le témoignage des hommes, etc., et elle détermine les conditions qu'exigent ces motifs pour donner de la certitude à nos jugemens.

Mais quand nos croyances sont dues à des jugemens qui ont précédé toutes les époques dont nous avons conservé la mémoire, on ne peut pas remonter à ces jugemens pour les examiner ; les croyances ne sauraient alors être justifiées que par une autre analyse et d'autres moyens. D'ailleurs, comme toutes les croyances fondamentales de l'intelligence, l'existence des corps, celle des substances immatérielles et celle de Dieu même se trouvent dans ce cas, l'examen de ces croyances doit être élevé au rang des sciences du premier ordre.

Une chose qui me semble digne de remarque, c'est qu'entre les deux sciences dont nous venons de parler, il y a des rapports analogues à ceux que j'ai signalés, à l'article des sciences mathématiques, entre l'arithmologie et la géométrie : en effet, l'arithmologie peut se concevoir dans un monde purement phénoménique, puisque non seulement les phénomènes sont susceptibles d'être comptés, mais qu'ils le seraient encore, lors même que les objets qui les produisent en nous n'existeraient pas, et que ce sont des phénomènes que nous comptons réellement, quand nous acquérons les idées des divers nombres, de même que la psychologie observe dans le monde de la conscience les phénomènes de notre sensibilité et de notre activité, indépendamment de leurs causes.

La géométrie est une application de l'arithmologie à une grandeur spéciale : l'étendue ; et cependant elle a dû être considérée comme une science du premier ordre, non seulement à cause que la propriété appartenant exclusivement à l'étendue d'avoir trois dimensions donne à cette espèce de grandeur une importance toute particulière, et multiplie extrêmement le nombre des théorèmes dont elle est l'objet, en multipliant celui des rapports qui existent entre les diverses parties, mais surtout à cause que l'étendue objective dont il s'agit ici est la condition d'existence de tout ce qui peut être *mesuré,* et que, comme nous l'avons déjà remarqué page 67 de la première partie, les vérités géométriques ne se rapportent pas à l'étendue phénoménique, où Reid a montré que des triangles qui se présenteraient à nous comme terminés par trois droites pourraient nous offrir trois angles droits, et même trois angles obtus, mais bien à l'étendue réelle existant hors de nous et indépendamment de nous.

De même, l'ontologie est l'application de la psychologie à une conception spéciale : celle des substances matérielles et immatérielles ; application qui mérite de même d'être considérée comme une science du premier ordre, non seulement par l'importance et la difficulté des recherches dont elle se compose, mais surtout parce que l'ontologie a pour objet la réalité objective des substances, comme la géométrie celle de l'étendue.

3. *Ethique*. Dans les deux sciences que nous venons d'examiner, l'homme a pour but de *connaître ;* c'est l'intelligence qui est principalement en jeu : elle s'étudie elle-même ou étudie ses *connaissances* relativement à leur réalité objective. Ici on étudie non seulement l'homme agissant, déployant à la fois ses facultés intellectuelles et morales, mais encore les divers sentimens, les différentes passions, et, en général, tous les motifs qui peuvent déterminer les actions. Il est aisé d'ailleurs de remarquer l'analogie frappante qui existe entre l'éthique et la mécanique placée au même rang dans les sciences cosmologiques.

4. *Thélésiologie*. Après avoir étudié dans les sciences précédentes les facultés de l'âme en général, on en considère ici une en particulier, mais cette faculté domine toutes les autres : c'est la *volonté*. C'est elle qui est réellement la *cause* de toutes nos actions ; c'est par elle que l'homme, susceptible de mé-

rite ou de démérite, est seul appelé, de tout ce qui vit sur la terre, à une autre existence.

La thélésiologie, science du premier ordre, tient, parmi les sciences noologiques, la même place que l'uranologie parmi les sciences cosmologiques. Les théorèmes de la mécanique n'ont pas seulement besoin, comme ceux des mathématiques proprement dites, d'une étendue réelle, mais vide et immobile, pour être réalisés objectivement; ils ne le sont que là où il y a de la matière douée de mobilité et d'inertie, susceptible d'éprouver l'action des forces. Et de même qu'on peut ainsi regarder l'uranologie comme la mécanique objective, on doit considérer la thélésiologie comme l'éthique objective, en ce qu'elle déduit, de rapports éternels, indépendamment des sentimens, des passions et de tout ce qu'il y a de phénoménique en nous, la distinction du bien et du mal, le devoir et l'existence à venir, où tout être libre doit trouver la récompense, ou la punition de l'emploi qu'il a fait de sa volonté.

b. Classification.

Il est évident que ces quatre sciences du premier ordre embrassent toutes les vérités que nous pouvons connaître relativement à leur objet commun: *les facultés intellectuelles et morales de l'homme*; en conséquence, j'en formerai le premier embranchement du second règne, sous le nom de SCIENCES PHILOSOPHIQUES. Cet embranchement se divisera par turellement en deux sous-embranchemens, l'un des sciences PHILOSOPHIQUES PROPREMENT DITES, comprenant la psychologie et l'ontologie, et l'autre des sciences MORALES, renfermant l'éthique et la thélésiologie, conformément au tableau qui suit :

Embranchement.	*Sous-embranchemens.*	*Sciences du 1er ordre.*
SCIENCES PHILOSOPHIQUES.	PHILOSOPH. PROPREM. DITES.	Psychologie.
		Ontologie.
	MORALES.	Éthique.
		Thélésiologie.

OBSERVATIONS. Dans cette division nous retrouvons encore une application frappante des quatre points de vue à l'objet général de ces sciences, en prenant, comme nous l'avons vu à l'égard des sciences cosmologiques, ces quatre points de vue dans un sens plus large que lorsqu'il s'agit des sciences du troisième ordre. La psychologie étudie la pensée telle que nous la connaissons par l'observation immédiate ; elle en est donc le point de vue autoptique. L'ontologie se propose de résoudre le grand problème de la pensée humaine : savoir, s'il y a de la réalité dans les connaissances que nous avons ou croyons avoir de ce qui n'est pas nous-mêmes ; c'est là le caractère du point de vue cryptoristique. L'éthique, qui étudie cette multitude de divers caractères, de sentimens et de passions qu'offre le cœur humain dans les différens individus, et qui lie, autant qu'il lui est possible par des lois générales, les résultats de cette étude, présente tous les caractères du point de vue troponomique. Enfin la thélésiologie, en soulevant toutes les questions sur lesquelles les philosophes ont de tout temps discuté et discutent encore, relatives à la liberté, à la distinction apodictique du juste et de l'injuste, aux lois morales qui sont une suite de cette distinction, et à ce que l'homme a à espérer ou à craindre dans une autre existence, cherche à pénétrer dans les mystères les plus profonds de la nature de l'homme, dans la connaissance des causes mêmes pour lesquelles il a été créé. C'est bien là le point de vue cryptologique des sciences philosophiques.

CHAPITRE SECOND.

SCIENCES NOOLOGIQUES RELATIVES AUX MOYENS PAR LESQUELS L'HOMME AGIT SUR L'INTELLIGENCE OU LA VOLONTÉ DES AUTRES HOMMES.

A la suite des études que nous venons de faire sur la *pensée considérée* en elle-même, il convient de placer celles qui s'occupent des moyens par lesquels l'homme agit sur la pensée de ses semblables, en leur rappelant des idées ou en leur en communiquant de nouvelles, en faisant naître en eux les sentimens, les passions, etc., qu'il veut leur inspirer.

Les moyens employés dans ce but : les formes, les couleurs, les sons appartiennent aux sciences physiques relativement à l'impression qu'ils font sur nos organes, et leur étude n'entre dans le règne des sciences noologiques que sous le rapport des idées, des sentimens, des passions qui accompagnent cette impression.

Sous ce rapport, il y a deux cas à considérer :

1° Les moyens dont nous parlons peuvent agir par eux-mêmes, comme la peinture ou la gravure d'un objet nous en donne ou nous en rappelle l'idée et peut nous inspirer des sentimens ou des passions analogues à ceux que la vue de cet objet produirait en nous; comme, en contemplant une église gothique, nous nous sentons pénétrés d'un sentiment religieux, comme la vue d'un tombeau nous inspire la mélancolie, et, les emblêmes dont il est décoré, l'idée de la brièveté de notre existence, comme une musique harmonieuse charme notre oreille, etc.;

2° D'autres fois, ils agissent comme signe d'institution ou de convention, en vertu d'une liaison établie arbitrairement entre eux et les idées ou les sentimens qu'ils expriment, union fortifiée par l'habitude, conservée de génération en génération, soit en se transmettant des pères aux enfans, soit par l'étude que chacun peut faire des signes en usage chez les différens peuples.

C'est à ce second cas qu'on doit rapporter tout ce qui est langage parlé ou écrit, comme les langues, l'écriture alphabétique ou hiéroglyphique, les signaux de tout genre, les gestes de convention des sourds-muets, les signes propres à certaines sciences, etc.

Commençons par les groupes de vérités relatifs au premier cas.

§ I.

Sciences du troisième ordre relatives aux moyens qui agissent par eux-mêmes sur nos idées, nos sentimens, nos passions, etc.; moyens, dont l'étude est l'objet des beaux-arts.

Avant de nous occuper des sciences dont nous avons à parler dans ce paragraphe, je crois devoir établir d'une manière précise la limite qui sépare les beaux-arts des arts mécaniques dont l'étude appartient aux sciences cosmologiques. Le caractère qui distingue les premières est dans l'influence qu'ils exercent sur la pensée humaine, en faisant naître en nous les idées que l'artiste se propose de nous transmettre, les sentimens qu'il veut nous inspirer. C'est ainsi que l'architecture est un des beaux arts, quand elle a pour but d'exprimer dans la construction d'un temple, d'un palais, d'un tombeau, des sentimens de piété, d'admiration, de tristesse et de douloureux souvenir; tandis que la construction d'un bâtiment, où l'on n'a en vue que ce qu'exigent le bien-être de ceux qui doivent l'habiter ou les besoins de l'industrie qui doit y être exercée, fait partie de la technologie, de même que la construction d'une machine ou d'une route. C'est ainsi que la plantation d'un jardin ou d'un parc dans la vue de nous donner des idées de grandeur et de magnificence, ou de plaire à nos yeux, comme le ferait le plus aimable paysage, en nous inspirant les divers sentimens que pourrait exciter en nous la vue de la nature même, est l'objet d'un des beaux-arts : celui du jardinier paysagiste, qu'on a mal à propos confondu avec l'architecture. Il en diffère trop par les moyens qu'il emploie pour qu'il puisse y être réuni. D'un côté, ce sont des constructions dont la nature ne nous présente réellement aucun modèle ; de l'autre, des mouvemens de terrains, des distributions d'eaux, d'arbres et de plantes, qui nous affectent en général d'autant plus agréablement qu'ils imitent mieux les beautés dont elle charme nos regards ; au lieu que la plantation d'une forêt, d'un verger, d'un jardin d'orangers, faite seulement pour tirer le plus grand profit possible du bois ou des fruits qu'ils doivent nous procurer, appartient à l'agriculture.

a. Énumération et définitions.

1. *Terpnographie.* Nous trouvons d'abord ici la science du troisième ordre qui a pour objet une première étude, soit des chefs-d'œuvre en tout genre que les beaux-arts offrent à notre admiration, soit de celles de leurs productions qui, sans mériter ce titre, ne laissent pas d'être dignes de notre intérêt pour les beautés qui peuvent quelquefois y briller, par leur originalité ou l'époque qui les a vu naître. Quand cette étude ne peut pas se faire sur les objets eux-mêmes, elle a lieu au moyen de descriptions qu'en ont faites ceux qui les ont vus, ou des repré-

sentations que nous en offre celui des beaux-arts à l'aide duquel il nous est facile de multiplier ces représentations : l'*art de la gravure*.

J'ai donné à cette science d'observation immédiate et où par conséquent les beautés et les défauts des objets de l'art ne doivent être indiqués qu'autant qu'ils nous frappent à la première vue, le nom de *terpnographie*, du mot grec τερπνὸς, ce qui est agréable, ce qui plaît.

2° *Terpnognosie*. Après que la terpnographie nous a fait connaître ce qui, dans les productions des beaux-arts, est soumis à l'observation immédiate, il nous reste à étudier le sujet que représente un tableau, une statue, les sentimens qu'un compositeur a voulu exprimer dans une pièce de musique, les idées que s'est proposé de léguer à la postérité l'auteur d'une médaille, les beautés et les défauts de détail que nous découvre dans un ouvrage d'art un examen plus approfondi, en un mot, tout ce qui peut concourir à nous donner une connaissance complète de cet ouvrage, du but que s'est proposé l'artiste et de la manière dont il l'a atteint. Tel est l'objet de la science que j'ai nommée *terpnognosie*.

3. *Technesthétique comparée*. La comparaison des créations du génie dans les beaux-arts conduit à une nouvelle science. Cette comparaison nous révèle les règles que doivent suivre le sculpteur, le peintre, l'architecte, le jardinier-paysagiste, les lois de la

composition musicale, de la déclamation, etc. L'application de ces règles et de ces lois vient ici compléter ce qu'il appartient à la terpnographie et à la terpnognosie de dire sur les beautés et les défauts soit d'ensemble, soit de détail, d'un ouvrage d'art. Ces deux sciences n'en jugent que d'après l'impression que ces beautés ou ces défauts font naître sur nous. C'est à la technesthétique comparée à les apprécier, à les discuter d'après les lois et les règles dont nous venons de parler. Là, se trouve encore l'histoire des beaux-arts et celle des hommes qui se sont fait un nom dans cette carrière. Tel est le triple but de la technesthétique comparée.

4. *Philosophie des beaux-arts.* Mais bientôt se présente un autre objet de recherches : en quoi consiste ce *beau* dont les règles et les lois n'ont été jusqu'à présent établies que d'une manière en quelque sorte empirique? Quelle en est l'origine? Est-il arbitraire? ou repose-t-il invariable sur la nature du cœur humain, ou même sur des archétypes éternels, comme le supposait Platon? Quelles sont les causes qui ont développé le génie des arts à telle époque ou chez tel peuple, etc.? Ces hautes questions sont l'objet d'une quatrième science du troisième ordre qui couronne toutes les connaissances que nous pouvons avoir relativement à l'objet qui nous occupe; nous la nommons *Philosophie des beaux-arts.*

5. Classification.

Toutes les vérités relatives aux beaux-arts trouvent leur place dans l'une ou dans l'autre de ces quatre sciences du troisième ordre que nous venons de parcourir. De leur ensemble se compose une science du premier ordre que je nomme TECHNESTHÉTIQUE, de τέχνη, art, et αἴσθησις, sentiment; en sorte que ce mot signifie *ce qui dans les arts se rapporte au sentiment*. Cette science du premier ordre se divise en deux du second : la TERPNOLOGIE et la TECHNESTHÉTIQUE PROPREMENT DITE. Cette dernière expression est justifiée parce que ce n'est que dans la science du second ordre qu'elle désigne, qu'on trouve les préceptes qui doivent guider l'artiste, et qu'on étudie les causes auxquelles les beaux-arts ont dû leurs développemens successifs. La première de ces deux sciences du second ordre comprend la terpnographie et la terpnognosie, et l'autre la technesthétique comparée et la philosophie des beaux-arts.

Voici le tableau de cette classification :

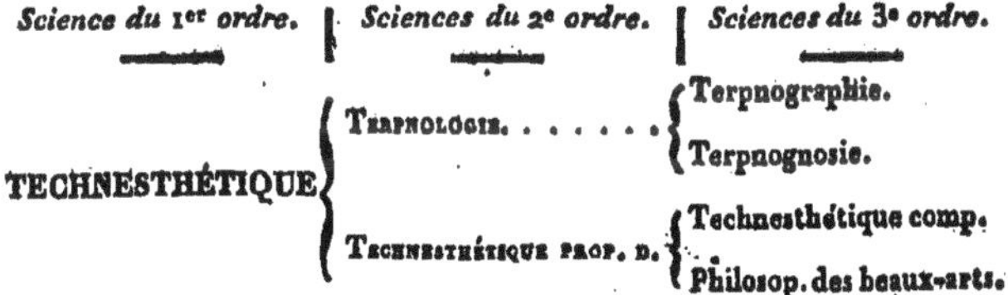

Science du 1er ordre.	*Sciences du 2e ordre.*	*Sciences du 3e ordre.*
TECHNESTHÉTIQUE	TERPNOLOGIE	Terpnographie.
		Terpnognosie.
	TECHNESTHÉTIQUE PROP. D.	Technesthétique comp.
		Philosop. des beaux-arts.

Observations. Cette classification des sciences relatives aux beaux-arts est fondée sur les mêmes considérations que toutes celles qui l'ont précédée. La terpnographie, qui fait connaître ce que les productions des beaux-arts offrent à l'observation immédiate, est évidemment le point de vue autoptique de la technesthétique. La terpnognosie en est le point de vue cryptoristique, puisqu'elle étudie ces mêmes productions d'une manière plus approfondie, et découvre ce qu'elles contiennent de *caché*. La technesthétique comparée, qui s'occupe des changemens qu'elles ont éprouvés suivant la diversité des lieux et des temps, présente tous les caractères du point de vue troponomique. Enfin, la philosophie des beaux-arts, où l'on se propose de rechercher des causes, de résoudre de véritables problèmes, est toute cryptoristique. Nous trouvons donc, dans les quatre sciences du troisième ordre dont se compose la technesthétique, une nouvelle application des quatre points de vue.

§ II.

Sciences du troisième ordre relatives aux langues et à tous les systèmes de signes institués pour exprimer nos idées, nos sentimens, nos passions, etc.

Tout système de signes institués est un véritable langage, soit qu'ils s'adressent à la vue ou à l'ouie. Le caractère qui distingue ce moyen spécial d'agir sur l'intelligence ou la volonté de nos semblables consiste en ce que cette action n'a lieu qu'en vertu d'une liaison arbitraire, qu'on peut appeler conventionnelle, entre les signes et les idées auxquelles ils sont associés.

Nous allons parcourir dans ce paragraphe les sciences qui se rapportent à la communication entre les hommes, des idées, des sentimens, des passions, à l'aide de signes institués.

a. Énumération et définitions.

1. *Lexiographie.* Quels sont les mots par lesquels les hommes désignent les objets et leurs qualités, les rapports qu'ils aperçoivent entre eux, les actions et manières d'être diverses qu'ils veulent exprimer? Quelles modifications éprouvent ces mots d'après le rôle qu'ils jouent dans les phrases dont ils font partie? Quelles places doivent-ils occuper dans le discours? en un mot, tout ce qui compose le vocabulaire et la grammaire des diverses langues; voilà ce que l'observation immédiate peut nous en apprendre; et c'est ce qui constitue une première science du troisième ordre à laquelle je donne le nom de *Lexiographie,* de λέξις, *mot, parole.*

Ce mot *lexiographie* doit être soigneusement distingué de *lexicographie,* qui vient de λεξικὸν, *dictionnaire,* et qui n'a, par conséquent, qu'un sens extrêmement restreint, en comparaison de la signification très étendue du mot *lexiographie.*

2. *Lexiognosie.* Dans toutes les langues il y a des mots dont le sens varie suivant les divers usages qu'on en fait, et d'autres qui expriment des idées ou des rapports tellement rapprochés qu'ils ne sont distingués que par des nuances légères. Déterminer le vrai sens des mots, distinguer ceux que l'on doit préférer à leurs synonymes, en rechercher l'étymologie et

signaler les changemens de signification qu'éprouvent certains mots en passant d'une langue dans une autre, tout cela constitue une science du troisième ordre que, d'après ce que j'ai dit pages 3 et 4, je nomme *Lexiognosie*, parce qu'elle a pour but de nous donner une connaissance plus approfondie de chaque mot.

Tout ce que je comprends dans la lexiognosie fait partie de la science à laquelle on a donné le nom de *philologie*. J'avais même cru d'abord devoir employer ce dernier mot à la place de lexiognosie pour conserver le plus possibe les noms usités en français; mais celui de philologie n'est point restreint à cette seule signification; on y comprend ordinairement, non seulement les lois générales des changemens qu'éprouvent les mots en passant d'une langue dans une autre, lois qui appartiennent à une science du troisième ordre, dont je m'occuperai dans l'article suivant sous le nom de *glossonomie*, mais encore l'interprétation des passages obscurs, la restauration des textes altérés des ouvrages que l'on commente, travail qui se rapporte à une autre science, encore du troisième ordre, dont je parlerai dans le paragraphe suivant, et à laquelle je donnerai le nom de *bibliognosie*.

3. *Glossonomie*. Quand on a acquis les notions précédentes sur plusieurs langues, on peut les comparer entre elles pour découvrir leurs rapports et en déduire les lois générales du langage, ou la *gram-*

maire générale. Cette comparaison nous fait aussi connaître les lois particulières d'après lesquelles certains sons éprouvent des modifications déterminées dans tous les mots qu'une langue emprunte à une autre; et elle nous conduit à la connaissance de tous les faits relatifs à la filiation et à la classification naturelle des langues. On connaît les beaux travaux des philologues de toutes les nations sur ce sujet. La science qui réunit toutes les vérités résultant de la comparaison dont il est ici question est la *glossonomie,* de γλῶσσα, langue.

4. *Philosophie des langues.* Les recherches et comparaisons dont je viens de parler préparent la solution des questions suivantes qu'on peut faire relativement aux langues: Quelle est leur origine? Ont-elles été inventées par les hommes; et si elles l'ont été, comment ont-elles pu l'être? Y a-t-il eu une seule langue primitive, dont toutes les autres sont dérivées, ou y en a-t-il eu plusieurs essentiellement différentes? Comment les langues sont-elles sorties les unes des autres? Les ressemblances que l'on remarque entre des langues différentes proviennent-elles d'une origine commune ou de la nature de l'intelligence qui est la même dans tous les hommes? Quelle est la cause tant des différences que l'on trouve entre les langues dont l'origine est la même, que des variations que les langues éprouvent d'une époque à une autre, etc., etc.? Toutes ces recherches sont l'objet d'une

science qu'on ne peut confondre avec les précédentes, et que j'appelle *Philosophie des langues.*

b. Classification.

Toutes les vérités qui concernent les langues se trouvent renfermées dans les quatre sciences du troisième ordre que je viens de définir, et dont la réunion constitue une science du premier ordre : la GLOSSOLOGIE. Celle-ci se divise naturellement en deux sciences du second. La première renfermant la lexiographie et la lexiognosie, je lui donnerai le nom de GLOSSOLOGIE ÉLÉMENTAIRE ; quant à la seconde qui comprend la glossonomie et la philosophie des langues, elle mérite à tous égards le nom de GLOSSONOMIE d'après la valeur que nous avons toujours attribuée en général à cette désinence.

Voici le tableau de cette classification :

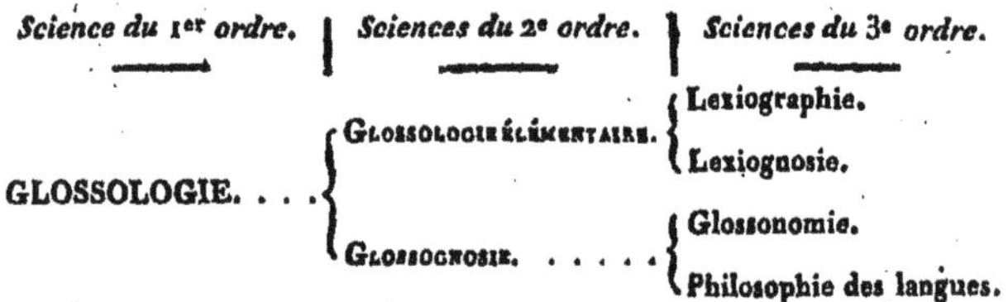

Science du 1er ordre.	*Sciences du 2e ordre.*	*Sciences du 3e ordre.*
GLOSSOLOGIE. . . .	GLOSSOLOGIE ÉLÉMENTAIRE.	Lexiographie.
		Lexiognosie.
	GLOSSOGNOSIE.	Glossonomie.
		Philosophie des langues.

OBSERVATIONS. **Il suffit d'appliquer la considération des quatre points de vue à l'objet spécial de ces sciences, pour reconnaître aisément que dans la lexiographie cet objet est considéré sous le point de vue autoptique. La lexiognosie, qui s'occupe de ce qu'il y a de caché dans les mots : les nuances de leur signification, leur étymologie, etc., offre tous les caractères du point de vue cryptoristique. Le point de vue troponomique n'est pas moins manifeste dans la glossonomie, où l'on établit les lois de la grammaire générale, et où l'on compare entre elles les diverses lan-**

gues ou une même langue à diverses époques. Quant aux recherches qui sont l'objet de la philosophie des langues, elles sont évidemment cryptologiques dans le sens que nous avons donné à ce mot.

§ III.

Sciences du troisième ordre relatives aux écrits de tout genre existant dans les diverses langues.

L'étude des langues doit être suivie de celle de cette foule d'écrits où les auteurs ont consigné les connaissances qu'ils possédaient et les sentimens qu'ils éprouvaient, les résultats de leurs travaux, de leurs méditations. C'est là l'objet spécial des sciences dont nous allons nous occuper dans ce paragraphe.

a. Énumération et définitions.

1. *Bibliographie.* Tant que l'usage des langues est borné à la parole, les communications de pensées ou de sentiment qu'il établit entre les hommes n'offrent que des avantages passagers qui s'évanouissent en quelque sorte à mesure que l'on s'en sert. Mais, depuis l'invention du langage écrit, ces mêmes communications ont pu s'établir entre les hommes de tous les climats et de toutes les époques. De là est née une science bien faite pour intéresser le philosophe : la connaissance générale des ouvrages que nous ont légués les peuples qui nous ont précédés, et de ceux qui naissent tous les jours chez les peuples civilisés. Cette science ne consiste pas seulement à savoir les titres des divers ouvrages et les époques de

leur publication ; elle consiste surtout dans un compte rendu de ce que l'ouvrage contient de plus important, de la manière dont il est exécuté, du but que l'auteur s'est proposé et des résultats auxquels il est parvenu. Un recueil méthodique de comptes rendus de ce genre, relatifs à tous les ouvrages qui existent, formerait précisément un traité complet de la science que j'appelle Bibliographie, du grec βιβλίον, *livre,* en étendant la signification du mot bibliographie, conformément à son étymologie, et non en la restreignant, comme on le fait assez souvent, aux titres des ouvrages, à l'indication des principales éditions, des époques où elles ont paru et des prix qu'elles ont dans le commerce. Sous ce point de vue restreint, la bibliographie n'appartiendrait même au règne des sciences noologiques, qu'autant qu'elle pourrait guider le littérateur dans ses recherches, car le prix d'un objet quelconque doit être rapporté à la technologie, dans l'espèce d'industrie à laquelle il se rattache. Mais, vu l'utilité dont la connaissance des titres et des diverses éditions peut être à ceux qui s'occupent de recherches littéraires, cette bibliographie incomplète appartiendrait encore à la littérature, comme une zoographie qui ne contiendrait sur chaque animal que la synonymie et l'indication seulement de caractères suffisans pour le distinguer de tout autre, tels que les caractères dont Linné a formé ses phrases spécifiques, serait encore de la zoographie, mais une zoographie incomplète; tandis que la bibliographie complète, telle qu'on la fait aujourd'hui dans les comptes rendus qui paraissent dans les journaux, correspond à une zoographie complète, où l'on expose, outre les caractères spécifiques dont nous venons de parler, les détails relatifs à la manière de vivre, aux mœurs, au climat, etc., de chaque animal.

Mais, dira-t-on, une telle bibliographie embrassant tous les ouvrages qui existent, serait bien au dessus des forces d'un seul homme ou même d'une réunion de bibliographes. Ce n'est pas là une objection, car il en est de même de la plupart des sciences que j'ai signalées jusqu'ici, et de celles dont il reste à m'occuper. Une technographie qui comprendrait la description de tous les arts, une lexiographie où l'on trouverait les dictionnaires et les grammaires de toutes les langues des peuples qui existent sur la surface de la terre ou qui y ont existé, en offrent des exemples frappans. Aussi, lorsqu'il est question de ces sciences, les hommes qui s'en occupent n'en cultivent ordinairement qu'une partie. Ils se bornent, en technographie, à étudier les procédés de l'art qu'ils veulent exercer et y joignent tout au plus la connaissance de ceux qu'on emploie dans quelques arts analogues. S'il s'agit des langues, ils n'en apprennent qu'un certain nombre, qui est souvent très restreint. C'est aussi ce que nous trouverons dans les sciences dont nous n'avons pas encore parlé.

Je crois devoir ajouter à ce que je viens de dire sur la science que je nomme bibliographie, que lorsqu'il est question d'un ouvrage destiné à plaire ou à émouvoir, l'indication de l'impression qu'il nous fait, des beautés, des défauts qu'il présente en général, fait évidemment partie du compte rendu de cet ouvrage et appartient par conséquent à la bibliographie. Mais, il en est ici comme pour les beaux-arts; l'appréciation ou la discussion de ces beautés et de ces défauts d'après les lois du goût, et la comparaison de l'ouvrage dont il s'agit avec les modèles, en un mot, ce qu'on appelle critique littéraire, doit être rapporté à la science dont nous parlerons tout à l'heure sous le nom de *Littérature comparée*.

2. *Bibliognosie*. Mais cette sorte de description de ce que contient un ouvrage ne constitue que la moindre partie de l'étude qu'on doit en faire, quand on veut s'en former une idée complète. Il reste à rechercher la manière dont l'auteur s'est acquitté de la tâche qu'il s'est imposée et jusqu'à quel point il a rempli son but; à interpréter les passages obscurs, à rétablir les textes qui auraient été altérés; et, si l'ouvrage renferme des pensées que l'auteur n'a fait qu'indiquer, ou des allusions à des faits bien connus de ses contemporains et plus ou moins oubliés depuis, à retrouver toute la pensée de l'auteur sous le voile dont il l'a recouverte, en un mot à faire ce

qu'on appelle le commentaire de son ouvrage. Tel est l'objet de la science qui a pour but de nous en procurer une connaissance approfondie et à laquelle je donnerai le nom de *Bibliognosie*.

On voit donc que ce qu'on appelle le commentaire d'un ouvrage appartient à la bibliognosie, comme le simple compte rendu est l'objet de la bibliographie. Quant aux beautés littéraires et aux défauts d'un ouvrage destiné à nous plaire et à nous émouvoir, la bibliognosie peut, en le commentant, indiquer plus en détail que la bibliographie les morceaux où l'auteur a atteint son but, ceux où il a été moins heureux, mais toujours en considérant l'ouvrage individuellement et non sous le point de vue de comparaison et de lois générales, sous lequel il doit être jugé dans la littérature comparée.

3. *Littérature comparée.* Celui qui aura ainsi étudié individuellement un grand nombre d'ouvrages possédera toutes les connaissances nécessaires pour les comparer et déduire de cette comparaison les lois de l'art d'écrire et les règles du goût. Ces lois et ces règles lui serviront à faire une appréciation plus juste des beautés et des défauts des ouvrages dans cette branche de la littérature comparée, à laquelle on a donné le nom de critique littéraire. Enfin, le tableau général de tous les écrits que le temps a épargnés ou qu'a produits l'époque où nous vivons constitue une dernière partie de la littérature comparée.

Cette partie est à la fois la plus étendue et la plus importante; c'est elle qui nous révèle les idées et les sentimens des auteurs que nous étudions, les seuls que nous puissions connaître immédiatement; car les idées et les sentimens des hommes qui ne les ont consignés dans aucun écrit, ne peuvent être qu'indirectement conclus de leurs actions. Il n'en est pas de même des écrivains en tout genre; nous pouvons en quelque sorte lire dans leur pensée et y trouver des types de l'état intellectuel et moral des sociétés humaines dans les lieux et aux époques où ils écrivaient.

La science du troisième ordre que je nomme *Littérature comparée* se trouve complétement définie par l'indication que je viens de faire du triple but qu'elle se propose.

4. *Philosophie de la Littérature.* Il reste maintenant à rechercher la raison et le fondement des lois et des règles dont nous venons de parler, si elles sont arbitraires ou puisées dans la nature; les causes qui développent le génie littéraire dans les individus, celles qui l'ont développé chez certains peuples, dans des circonstances sociales et à des époques déterminées. La solution de ces grandes questions est l'objet d'une quatrième science du troisième ordre, à laquelle je donne le nom de *Philosophie de la Littérature.*

b. Classification.

La LITTÉRATURE est le nom de la science du

premier ordre qui embrasse les quatre sciences du troisième que nous venons de distinguer et de définir. Tous les écrits appartiennent plus ou moins à cette science du premier ordre, comme nous le verrons dans le cinquième paragraphe de ce chapitre, où nous aurons à circonscrire et à définir d'une manière précise les sciences du premier ordre qui y sont indiquées. La littérature se compose de deux sciences du second ordre : la BIBLIOLOGIE qui comprend la *bibliographie* et la *bibliognosie*, et la LITTÉRATURE PROPREMENT DITE, formée par la réunion de la littérature comparée et de la philosophie de la littérature. Cette division est exprimée dans le tableau suivant :

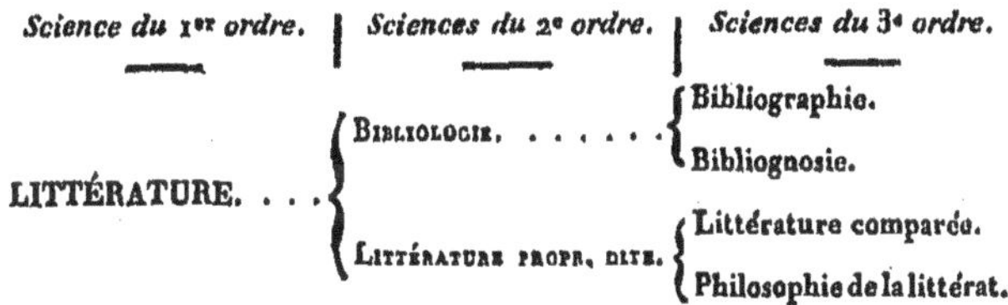

Science du 1er ordre.	*Sciences du 2e ordre.*	*Sciences du 3e ordre.*
LITTÉRATURE. . . .	BIBLIOLOGIE.	Bibliographie.
		Bibliognosie.
	LITTÉRATURE PROPR. DITE.	Littérature comparée.
		Philosophie de la littérat.

OBSERVATIONS. Cette classification des sciences qui ont pour objet d'étudier les ouvrages où les hommes qui les ont écrits ont consigné leurs idées, leurs sentimens, leurs passions, et qui, grâce à l'invention de l'imprimerie, racontent ces idées, ces sentimens, ces passions à tous ceux qui peuvent les lire et les comprendre, est fondée sur les mêmes considérations que toutes les classifications semblables obtenues précédemment.

L'analogie des divisions et subdivisions de la littérature avec celles de la technesthétique est partout frappante. Cette analogie vient de ce que la littérature est aux signes institués de la glossologie, ce que la technesthétique est aux signes naturels. La seule différence consiste en ce que les signes institués n'agissant sur l'intelligence et la volonté de l'homme que par les idées associées arbitrairement à ces signes, la glossologie appartient comme la littérature au règne des sciences noologiques, tandis que, quand il s'agit des signes naturels, l'étude de ces signes considérés en eux-mêmes, qui serait à l'égard de la technesthétique ce que la glossologie est à l'égard de la littérature, se trouve dans les sciences physiques comprises elles-mêmes dans le règne des sciences cosmologiques.

L'analogie dont nous parlons est telle, qu'il suffit d'appliquer aux quatre sciences du troisième ordre dont se compose la littérature, ce que nous avons dit des quatre sciences du troisième ordre appartenant à la technesthétique, pour voir comment la bibliographie est le point de vue autoptique de la littérature, la bibliognosie son point de vue cryptoristique, la littérature comparée le point de vue troponomique de la même science, et la philosophie de la littérature son point de vue cryptologique.

§ IV.

Sciences du troisième ordre relatives aux moyens à employer pour l'amélioration intellectuelle et morale des hommes.

Quand l'action qu'exercent sur l'intelligence et la volonté de l'homme les moyens que nous venons de décrire, n'est déterminée que par le plaisir qu'il y trouve, ou par le hasard des circonstances, les résultats de cette action sont tantôt utiles et tantôt nuisibles. Si les beaux-arts peuvent inspirer aux hommes de nobles sentimens, ils peuvent aussi les corrompre. Si l'usage des langues est nécessaire au développement de leur intelligence, il peut aussi leur faire adopter des erreurs; si la littérature peut élever leurs âmes et perfectionner leur intelligence, elle peut aussi égarer leur esprit et ébranler en eux les fondemens de la morale. De là, la nécessité d'une nouvelle étude des moyens par lesquels on peut agir sur l'intelligence et la volonté de l'homme, non plus pour connaître ces moyens et l'emploi général qui en a été fait, mais pour les diriger vers le but auquel ils devraient tendre sans cesse, celui de rendre les hommes plus éclairés et plus vertueux, et pour s'en servir, surtout à l'époque où leur jeune âge les met dans la dépendance de ceux qui sont chargés de les instruire et de les former à la vertu.

a. **Énumération et définitions.**

1. *Pédiographie.* Nous avons ici à étudier d'abord tous les moyens qui ont été employés ou qui le sont encore pour l'instruction et l'éducation des enfans, des jeunes gens, et même en certains cas des hommes faits. La connaissance de ces moyens constitue une science du troisième ordre, à laquelle j'ai donné le nom de pédiographie, du grec παιδεία, *éducation*.

2. *Idioristique.* Dans l'éducation, il est un élément qui ne se révèle point à l'observation immédiate, qu'on ne peut découvrir qu'à force de recherches, c'est le caractère de l'élève, ses goûts, ses passions, les divers degrés d'aptitude qu'il a pour les diffé-

rens genres d'instruction, etc. La détermination des qualités propres à ceux dont on dirige l'éducation et les moyens de parvenir à cette détermination ont fourni le sujet de considérations d'une haute importance dans plusieurs ouvrages relatifs à l'éducation; mais il resterait peut-être à y consacrer un ouvrage spécial, qui aurait vraisemblablement une grande influence sur l'éducation publique et privée. C'est là l'objet d'une science à laquelle je donne le nom d'*idioristique*, du grec ἴδιος, *particulier, propre à.*

3. *Mathésionomie*. Il faut ensuite comparer tous les objets d'instruction possibles, tous les groupes de vérités qui constituent les sciences, et d'après leurs rapports de similitude, de connexion et de subordination, définir et classer chaque groupe, ainsi que j'ai essayé de le faire dans cet ouvrage; et, pour chaque science, reconnaître le point où elle est arrivée, prévoir les progrès qu'on peut espérer, et déterminer quelles méthodes doivent être suivies, soit pour l'enseignement, soit dans la recherche de nouvelles vérités. Tels sont les matériaux d'une science qui doit être placée ici et à laquelle j'ai donné le nom de *mathésionomie*, du grec μάθησις, *enseignement*, et de la terminaison *nomie* que j'ai déjà tant de fois employée, lorsqu'il s'agissait de comparaisons, de classifications et de lois.

4. *Théorie de l'éducation*. Reste enfin à examiner les effets des divers genres d'éducation et toutes

les circonstances qui peuvent en modifier les résultats; quels sont, par exemple, les avantages et les inconvéniens respectifs de l'instruction publique et privée, de l'éducation sévère ou trop indulgente? Faut-il laisser les enfans libres dans le choix des études qui leur plaisent, ou faut-il leur imposer chaque jour une tâche et user de contrainte pour les obliger à la remplir? Quels sont, en un mot, les moyens les plus propres à former le caractère de l'élève, à l'armer contre le malheur et les passions, et enfin à faire de lui un homme à la fois éclairé et vertueux? Ces questions et une foule d'autres sont l'objet d'une nouvelle science du troisième ordre, qui a beaucoup à emprunter à une science précédente dont j'ai parlé plus haut sous le nom d'*Ethogénie*; elle prendra elle-même le nom de *Théorie de l'éducation*.

b. Classification.

Ces quatre sciences du troisième ordre embrassent toutes les vérités relatives aux moyens que doit employer l'instituteur pour l'amélioration intellectuelle et morale de son élève. Elles composent une science du premier ordre à laquelle on a, tantôt donné le nom de pédagogique, tantôt celui de pédagogie. On a vu dans la préface, p. xv, pourquoi cette dernière expression, signifiant, d'après son étymologie, l'éducation elle-même et non la science ou art de l'éducation, ne pouvait être admise, et qu'on devait préférer celle de *pédagogique* formée, en sous-entendant τέχνη, de l'adjectif grec παιδαγωγικός, qui désigne tout ce qui a rapport à l'éducation. Cette science se divise naturellement en deux autres du second ordre. L'une est formée de la réunion de la pédiographie et de l'idioristique ; l'analogie m'aurait porté à la désigner sous le nom de pédagogique élémentaire, si cette dernière expression ne signifiait pas naturellement les connaissances qui doivent être données aux commençans, tandis que la science dont il s'agit ici est la science du maître; c'est même à elle que convient particulièrement le nom de *pédagogique* qui veut dire : *art de conduire les enfans*. C'est pourquoi j'ai cru plus convenable de lui donner le nom de PÉDAGOGIQUE PROPREMENT DITE. Quant à l'autre science du second ordre, composée de la mathésionomie et de la théorie de l'éducation, et consistant dans la connaissance générale de tout ce qui est relatif à l'enseignement, elle doit porter le nom de MATHÉSIOLOGIE dont l'étymologie ne peut présenter aucune difficulté d'après ce que je viens de dire de celle du mot mathésionomie.

Voici le tableau des sciences dont il est question dans ce paragraphe :

Science du 1er ordre.	*Sciences du 2e ordre.*	*Sciences du 3e ordre.*
PÉDAGOGIQUE. . . .	PÉDAGOGIQUE PROPR. DITE.	Pédiographie.
		Idioristique.
	MATHÉSIOLOGIE.	Mathésionomie.
		Théorie de l'éducation.

Observations. On retrouve aisément dans ces quatre sciences du troisième ordre, les quatre points de vue de leur objet spécial; la pédiographie ne faisant qu'*observer* les moyens qu'on emploie dans l'éducation, est évidemment le point de vue autoptique de cet objet spécial; l'idioristique, qui cherche à découvrir les dispositions cachées de l'élève, en est le point de vue cryptoristique. Le point de vue troponomique se trouve dans la mathésionomie, science de comparaisons et de classifications. Enfin, on ne peut méconnaître le point de vue cryptologique dans la théorie de l'éducation, où il s'agit de déduire de la connaissance de toutes les causes qui peuvent influer sur le succès de l'éducation, les moyens dont on doit faire usage pour atteindre le but qu'on se propose.

§ V.

Définition et classification des sciences du premier ordre relatives aux moyens par lesquels l'homme agit sur l'intelligence ou la volonté des autres hommes.

Nous venons de voir comment, des seize sciences du troisième ordre dont nous nous occupons dans ce chapitre, se forment quatre sciences du premier, toutes relatives à un même objet général, énoncé dans le titre de ce paragraphe. Il nous reste à déterminer, d'une manière précise, les limites qui séparent chacune de ces sciences de toutes les autres et à en former un embranchement.

a. Énumération et définitions.

1. *Technesthétique.* La technesthétique étant la première des sciences nootechniques et se trouvant

suffisamment distinguée des sciences philosophiques qui la précèdent, en ce que ces dernières étudient la pensée en elle-même, et que la technesthétique fait partie des sciences qui s'occupent des moyens d'agir sur elle, il ne reste, pour la séparer complétement de toutes les sciences placées avant elle dans la classification naturelle de nos connaissances, qu'à tracer une ligne de démarcation précise entre elles et les sciences cosmologiques. Parmi ces dernières, il n'y a que la géométrie, la physique générale et la technologie avec lesquelles elle puisse avoir des points de contact. Elle se distingue des deux premières qui lui fournissent, l'une des formes, l'autre des couleurs, des sons, etc., en ce qu'elle n'étudie ces objets que relativement à l'impression qu'ils font sur nous, au lieu que la géométrie et la physique générale les considèrent en eux-mêmes. Quant à la technologie, il faut d'abord remarquer que la construction des instrumens qu'elle emploie appartient à cette dernière. Le luthier, par exemple, fait des instrumens de musique, comme le tisserand fait de la toile. Il en est de même de ceux qui exécutent matériellement la pensée de l'artiste. Il n'y a rien qui appartienne aux beaux-arts dans le travail du maçon, ni dans celui du directeur de constructions. Mais ici se présente la difficulté dont nous avons parlé dans le premier paragraphe de ce chapitre à l'égard de l'architecte qui conçoit l'édifice à construire et qui en trace le plan. C'est par rapport à lui que nous l'avons déjà résolue dans ce que nous avons dit, page 51, du cas où l'architecture est un des beaux-arts, et de celui où elle ne doit être considérée que comme une des parties de la technologie. La même distinction s'applique à tous les arts du dessin; ainsi, les travaux du peintre en bâtiment sont du domaine de l'industrie; et la peinture n'est un des beaux-arts que quand le tableau nous inspire quelque sentiment, ne fût-ce que celui que nous fait éprouver une imitation fidèle de la nature.

2. *Glossologie*. Cette science qui a pour objet les signes de la parole et de l'écriture, à l'aide desquels les hommes se communiquent leurs idées, leurs sentimens, leurs passions, etc., ne peut se confondre avec aucune des sciences du premier ordre qui la précèdent ou la suivent dans une classification. De toutes ces sciences, c'est la technesthétique qui s'allie le plus immédiatement avec la glossologie. Elles ont le même but, celui de rappeler les idées, les sentimens, les passions, etc., et d'en faire naître de nouveaux dans le spectateur d'un objet d'art, l'auditeur, soit d'un morceau de musique, soit d'un discours quelconque, ou enfin dans le lecteur, lorsqu'il est question du langage écrit. Mais ces deux sciences présentent dans les moyens qu'elles emploient une différence fondamentale qui trace entre elles une ligne de démarcation précise et qui consiste,

comme nous l'avons vu, en ce que les moyens employés dans la technesthétique agissent par eux-mêmes, indépendamment de toute institution ou convention préalable, tandis que les moyens dont se sert la glossologie n'y sont considérés que comme signes institués, auxquels l'habitude joint des idées ou des sentimens avec lesquels ces signes n'ont que ce rapport artificiel. Une fois cette ligne de démarcation admise, la glossologie se trouve complétement définie, quand on a dit qu'elle renferme la connaissance des vocabulaires et des grammaires de toutes les langues, les recherches sur le sens et l'étymologie des mots, les lois générales qu'on déduit de la comparaison des diverses langues, et les hautes questions sur leur origine et leur situation.

3. *Littérature*. L'étude que la littérature fait des écrits de tout genre établit entre elle et les autres sciences des points de contact qui exigent quelques explications sur la fixation des limites par lesquelles je la sépare soit des sciences en général, soit de la glossologie en particulier. Je remarquerai donc que lorsqu'il s'agit d'un écrit destiné à instruire, soit en étudiant l'ensemble de l'univers, ou les matériaux dont le globe de la terre est composé et les êtres vivans qui l'habitent, soit en faisant connaître les procédés dont l'industrie fait usage ou ceux qu'elle doit employer de préférence, les principes de l'art de guérir, les préceptes de la morale, les faits dont se com-

pose l'histoire des nations, etc., etc.; il y a trois choses à considérer : d'abord, les vérités que cet ouvrage enseigne et qui appartiennent aux sciences dont ces vérités font partie, ensuite les mots et les phrases par lesquels ces vérités sont exprimées, ce qui est du ressort de la glossologie; enfin, la manière dont l'ouvrage lui-même est composé, l'enchaînement des idées, la clarté, et en général toutes les qualités du style, ce qui est proprement du domaine de la littérature.

Quant aux écrits qui ont pour objet de plaire au lecteur, de l'intéresser ou même de l'instruire d'une manière indirecte par des descriptions et des récits de lieux et d'événemens imaginaires, ils n'offrent plus que la partie glossologique et la partie littéraire, car ces lieux et ces événemens ne se rapportant ni à la géographie, ni à l'histoire, ne peuvent appartenir à aucune autre science, et rentrent dans le domaine de la littérature, non seulement sous le rapport des qualités dont nous venons de parler, mais encore sous celui du choix du sujet et de la manière dont les événemens sont enchaînés avec plus ou moins de vraisemblance.

Du reste, la littérature est complétement séparée de la glossologie, en ce que l'une étudie l'instrument général des communications de la pensée entre les hommes, et l'autre l'usage qu'ils ont fait de cet instrument.

4. *Pédagogique*. Quelques lecteurs s'étonneront peut-être de la place que je donne à la pédagogique dans l'embranchement des sciences dont il est ici question. Ce rapprochement pourra paraître une innovation hasardée; mais si l'on fait attention au caractère commun aux quatre sciences du premier ordre comprises dans le présent embranchement, caractère exprimé dans le titre de ce chapitre, on verra qu'il se retrouve au plus haut degré dans la pédagogique, dont l'unique but est d'agir sur la pensée de l'élève pour en faire un homme éclairé et vertueux, et qu'ainsi la pédagogique appartient essentiellement à l'embranchement qui réunit toutes les sciences relatives à l'action exercée par l'homme sur la pensée de ses semblables considérés comme individus et non comme nations. Quant à la limite qui sépare la pédagogique des autres sciences du même embranchement, elle est fondée, en ce qui concerne la technesthétique et la glossologie, sur ce que la pédagogique, comme la littérature, se rapporte à l'emploi qu'on fait des moyens d'agir et non à ces moyens étudiés en eux-mêmes; et, relativement à la littérature, elle consiste, lors même que l'on considère la littérature comme une sorte d'enseignement donné à tous les hommes par les auteurs des ouvrages dont elle s'occupe, en ce que cet enseignement s'adresse aux hommes en général, sans que les auteurs sachent quels seront ceux qui les liront, tandis que l'instituteur

agit directement sur la pensée d'élèves qu'il connaît, le professeur sur celle d'auditeurs qui assistent à ses leçons.

Il est assez remarquable qu'en considérant les choses sous ce point de vue, cette limite paraisse si peu tranchée et que le caractère distinctif de la littérature et de la pédagogique semble tenir à des circonstances peu importantes en elles-mêmes ; ce qui justifie le rapprochement que j'ai fait de ces deux sciences, sans que cependant on puisse en conclure qu'elles dussent être confondues. Elles diffèrent réellement l'une de l'autre, précisément comme la mécanique de l'astronomie. L'une est de même la science générale, l'autre celle de l'application qu'on en fait à un objet spécial.

b. Classification.

Les quatre sciences du premier ordre que je viens d'énumérer comprennent toutes les vérités relatives aux différens moyens par lesquels l'homme agit sur l'intelligence ou la volonté des autres hommes. Ce caractère commun ne permet pas de les séparer. Mais, comme l'usage n'a pas encore fait cette réunion, il me manquait un mot pour l'exprimer. J'ai cru que le nom de *Sciences nootechniques* était celui qu'il convenait de préférer, puisqu'elles s'occupent des moyens d'agir sur l'intelligence, comme les sciences du premier règne, que j'ai désignées par des noms où entre le mot grec τέχνη, étudient les moyens d'agir sur leurs objets respectifs.

Cet embranchement se divise en deux sous-embranchemens, dont le premier se compose de la technesthétique et de la glossologie où les moyens d'agir sur l'intelligence et la volonté de l'homme sont considérés en eux-mêmes. C'est lui, par conséquent, auquel on devra donner le nom de sous-embranchement des sciences nootechniques proprement dites.

Le second sous-embranchement comprendra la littérature et la pédagogique. Ces sciences ne sont plus relatives aux moyens d'agir sur la pensée humaine, considérés en eux-mêmes, mais à l'emploi qu'on a fait de ces moyens, emploi d'où résulte toujours une instruction ou enseignement donné, soit indirectement par l'auteur d'un ouvrage à ceux qui le lisent, soit directement par un instituteur à ses élèves. C'est ce qui m'a porté à assigner aux sciences comprises dans ce sous-embranchement le nom de *Sciences didagmatiques*, du grec δίδαγμα, leçon, précepte, avertissement.

Voici le tableau de cette classification :

Embranchement.	*Sous-embranchemens.*	*Sciences du 1er ordre.*
SCIENCES NOOTECHNIQUES.	NOOTECHNIQUES PROP. DITES	Technesthétique.
		Glossologie.
	DIDAGMATIQUES.	Littérature.
		Pédagogique.

OBSERVATIONS. Un peu d'attention fera remarquer au lecteur que cette division des sciences nootechniques en quatre sciences du premier ordre, correspond aux quatre points de vue sous lesquels leur objet général peut être considéré. En effet, les moyens d'agir sur l'intelligence et la volonté de l'homme sont étudiés dans la technesthétique relativement à l'action qu'ils exercent par eux-mêmes et immédiatement sur la vue ou sur l'ouie. Cette action immédiate est bien le caractère du point de vue autoptique. L'action exercée sur la pensée humaine par le langage parlé ou écrit n'a plus ce caractère; elle la modifie en vertu de cette liaison, en quelque sorte mystérieuse et *cachée*, que l'habitude a établie entre les signes et les idées correspondantes; liaison, dont nous nous servons d'abord sans y faire attention et dont la réflexion seule nous découvre l'existence et nous fait connaître la nature, en nous montrant comment elle se communique des pères aux enfans, et se fortifie tellement par l'habitude que le signe finit par se confondre en quelque sorte complétement avec l'idée. C'est sur elle que repose cette propriété vraiment cryptoristique des signes institués.

La littérature réunit et compare les changemens que la pensée humaine a éprouvés dans tous les lieux et dans tous les temps, tels qu'ils nous sont retracés dans les ouvrages que nous possédons. Elle tire, de la comparaison de ces ouvrages, des règles générales propres à guider ceux qui doivent entrer dans la même carrière, et présente ainsi, sous tous les rapports, le caractère du point de vue troponomique.

Enfin, le point de vue cryptologique n'est pas moins manifeste dans la pédagogique qui, s'appuyant sur ce que la science, dont j'ai parlé précédemment sous le nom d'éthogénie, nous apprend relativement aux causes qui peuvent déterminer les divers caractères et les habitudes des hommes, se propose de découvrir les moyens les plus propres à les rendre à la fois éclairés et vertueux.

CHAPITRE TROISIÈME.

SCIENCES NOOLOGIQUES QUI ONT POUR OBJET L'ÉTUDE DES SOCIÉTÉS HUMAINES ET TOUTES LES CIRCONSTANCES DE LEUR EXISTENCE PASSÉE OU PRÉSENTE.

Dans les deux chapitres précédens, nous avons considéré les hommes vivant en société, mais nous les avons considérés *individuellement*. Dans le premier, nous avons étudié la pensée humaine pour la *connaître*; dans le second, nous nous sommes occupés des moyens d'agir sur cette même pensée, soit en enseignant aux hommes ce qu'ils ne savent pas encore, soit en leur inspirant des sentimens ou des passions, soit en dirigeant leur volonté vers ce qui est bien, et en établissant les principes de morale sur lesquels ils doivent régler leurs actions. Une nouvelle carrière s'ouvre actuellement devant nous. Ce ne sont plus les individus que nous aurons désormais à considérer, ce sont les sociétés en masse, que nous avons, dans ce troisième chapitre, à étudier, seulement pour les *connaître*; et dans le suivant nous nous occuperons des moyens par lesquels les sociétés subsistent et prospèrent, repoussent les dangers qui les menacent au dehors, et font régner au dedans l'ordre et la tranquillité publics.

Cette étude des sociétés humaines succède naturellement à celle des moyens par lesquels les hommes communiquent leurs idées, leurs sentimens, leurs passions, puisque c'est à l'aide de ces moyens que les sociétés se forment, et que naît entre les individus qui les composent cette union de pensée et de volonté, par laquelle une collection d'individus devient une nation.

§ Ier.

Sciences du troisième ordre relatives à la distribution des sociétés humaines sur la surface de la terre et aux diverses races d'hommes dont elles ont tiré leur origine.

La première chose à *connaître* dans l'étude des nations, ce sont les lieux qu'elles habitent ou qu'elles ont habités, et les différentes races d'hommes dont elles ont tiré leur origine. De là, les sciences de divers ordres dont nous avons à traiter dans ce paragraphe, en commençant, comme nous l'avons toujours fait, par celles du troisième ordre.

a. Énumération et définitions.

1. *Ethnographie.* La science que nous placerons ici avant toutes les autres est celle qui, d'un côté,

décrit les nations aujourd'hui répandues sur la surface de la terre, les lieux qu'elles habitent, les villes, les ouvrages des arts et les monumens les plus remarquables; qui, de l'autre, indique les principaux traits du caractère des habitans, leurs mœurs, leur religion, leur gouvernement, etc.; de même que, dans la zoographie, on ne décrit pas seulement les caractères extérieurs des animaux, mais leurs mœurs, leurs habitations, les alimens dont ils se nourrissent, etc. Je nomme cette science *Ethnographie*, description des nations, d'ἔθνος, *nation*. J'ai cru devoir préférer cette dénomination, déjà employée par plusieurs auteurs, à celle de géographie dont on se sert ordinairement, parce que, d'une part, cette dernière comprendrait la géographie physique, science toute différente, qui a trouvé sa place dans le premier règne; et, de l'autre, parce qu'elle n'indiquerait point les notions sur les mœurs, le caractère, etc., des différens peuples, qui doivent trouver place ici; comme l'ont bien senti ceux qui, tout en se conformant à l'usage de nommer cette science *géographie*, n'ont pas laissé d'y comprendre ces diverses notions, ainsi qu'on peut le voir dans les ouvrages des géographes les plus célèbres.

2. *Toporistique*. Après la description d'un lieu vient la détermination de sa situation. Cette situation dépend de trois élémens: longitude, latitude, élévation au dessus du niveau de la mer. Combien de

villes, depuis long-temps florissantes, avaient été décrites par ceux qui les avaient visitées avant même qu'on eût les moyens de déterminer ces trois inconnues! Combien y en a-t-il encore à l'égard desquelles cette détermination n'a point été faite ou ne l'a été que d'une manière très incomplète! Les travaux déjà exécutés à ce sujet et ceux qui ne le sont point encore (1), appartiennent à une science du troisième ordre, à laquelle je donnerai le nom de *toporistique*, de τόπος, *lieu*, ὁρίζω, *je détermine.*

On se tromperait fort si de ce que je la place après l'ethnographie on tirait cette conséquence absurde que j'entends exclure, de la description que celle-ci fait d'un pays, l'indication de la longitude, de la latitude et de l'élévation au dessus du niveau de la mer, des villes qui se trouvent dans ce pays, pour la reporter dans la toporistique. Ce n'est nullement là mon idée; mais

(1) Il se pourrait que quelques lecteurs fussent surpris de voir comprendre dans la toporistique, des travaux qui ne sont point encore faits; cela viendrait de ce qu'ils se feraient d'une science en général, une idée toute différente de celle que j'en ai. Pour moi, une science n'est pas la réunion des vérités déjà découvertes relativement à un objet déterminé, mais l'ensemble des travaux que les hommes ont exécutés, qu'ils font actuellement et auxquels ils continueront de se livrer, en sorte qu'on puisse dire non seulement à quelles sciences de ma classification appartiennent les ouvrages que nous possédons, mais encore à laquelle de ces sciences doivent être rapportés les travaux et les découvertes qui se font actuellement, et ceux qui se feront à l'avenir.

je ne vois pas dans cette indication un emprunt de *connaissances* fait par l'ethnographie à une science suivante. C'est seulement un emprunt de *résultats* obtenus sans que l'ethnographie ait besoin de savoir comment ils l'ont été ; précisément comme le mathématicien et le physicien empruntent à la technologie les instrumens dont ils ont besoin, sans s'inquiéter des procédés mécaniques par lesquels ces instrumens ont été construits ; comme la technologie elle-même demande à l'oryctotechnie, à l'agriculture et à la zootechnie les matières premières qu'elle se propose d'approprier à nos besoins. De même, ce que j'ai peut-être oublié de dire à la page 120, l'agriculture bornée à l'étude des moyens par lesquels nous nous procurons les matières végétales, se sert des engrais fournis par divers animaux et emploie des bœufs et des chevaux pour labourer, sans qu'on puisse considérer cela comme un emprunt de *connaissances* fait à la zootechnie, qui ne vient qu'après elle dans l'ordre naturel des connaissances humaines. Il est facile en effet de voir :

1° Que pour faire usage des engrais des animaux, pour savoir à quel sol, à quel genre de culture convient particulièrement tel ou tel engrais animal, il n'est pas plus nécessaire de *connaître* la manière d'élever et de nourrir ces animaux, qu'il ne l'est, pour employer un engrais végétal ou minéral et connaître dans quelles circonstances il doit être employé, de savoir comment le premier a été produit par la décomposition de divers végétaux, comment le second a été, par exemple, extrait d'une carrière de plâtre, comment la pierre à plâtre a été calcinée, etc., etc.

2° Que l'agriculture emploie les animaux de trait à labourer, comme la partie de la technologie qui s'occupe du transport des marchandises, les emploie à ses chariots; comme l'une et l'autre pourraient employer une machine à vapeur appropriée aux travaux qu'elles ont à exécuter.

3. *Géographie comparée.* Les mêmes régions ont été occupées successivement par différentes nations, les limites des empires ont souvent changé, les villes les plus puissantes ont été ensevelies sous l'herbe, d'autres villes se sont élevées. Toutes les vérités qui résultent de la comparaison des changemens que les diverses régions ont éprouvés composent la science du troisième ordre que tout le monde désigne sous le nom de *Géographie comparée.* C'est ce nom que je lui conserverai. Mais je crois devoir faire ici une observation qui n'est pas sans importance. La description des lieux habités par les nations actuellement existantes doit, comme je viens de le dire, comprendre, pour être complète, l'indication des ouvrages des arts et des monumens les plus remarquables. Dans la géographie comparée, en décrivant l'état où se trouvait, aux différentes époques, le pays dont on s'occupe, on ne peut de même se dispenser d'indi-

quer les ouvrages des arts, et les monumens construits par les peuples qui l'habitaient alors; mais ces monumens offrent un sujet d'étude qui n'a pas lieu à l'égard des monumens récens. On sait dans quelles vues ces derniers ont été élevés et quels sont ceux qui les ont fait construire, etc. C'est ce qu'on ignore le plus souvent à l'égard des anciens monumens, et ce qu'on ne peut découvrir que par des recherches presque toujours aussi longues que difficiles. Doit-on comprendre ces recherches dans la géographie comparée? C'est ce que je ne pense pas, et en cela je ne fais que partager l'opinion commune qui les a toujours considérées comme l'objet d'une science à part, dont je vais bientôt parler sous le nom généralement adopté d'*archéologie*.

4. *Ethnogénie*. Il reste encore à étudier l'origine des nations, à savoir comment d'un petit nombre d'hommes réunis, tantôt par des liens de famille, tantôt par une croyance ou des intérêts communs, est souvent sorti un grand peuple; quels sont les divers pays qu'une même nation a pu occuper successivement dans ses migrations, etc., etc. On est principalement guidé dans ces recherches par la connaissance des différentes races d'hommes qui ont été étudiées dans la zoologie, et par celle des analogies plus ou moins marquées des diverses langues qui l'ont été dans la glossologie comparée.

J'ai donné à la science dont il est ici question, et

qui vient naturellement à la suite de la géographie comparée, dont elle est en quelque sorte le complément, le nom d'*Ethnogénie*.

b. Classification.

Ces quatre sciences du troisième ordre renferment toutes les vérités qui concernent la distribution des sociétés humaines sur la surface de la terre; elles forment par leur réunion une science du premier ordre à laquelle je donnerai le nom d'ETHNOLOGIE. Cette science se divisera en deux du second ordre; la première, composée de l'ethnographie, qui ne se rapporte qu'aux nations actuellement existantes, et de la toporistique qui détermine la position précise, sur la surface de la terre, de points remarquables, qu'on doit aussi considérer comme existant actuellement, lors même que nous n'aurions à nous en occuper que parce que nous y trouverions des monumens, des ruines provenant de nations qui ne sont plus. C'est pourquoi je donnerai à cette première science du second ordre le nom d'ethnologie proprement dite. Quant à la seconde, qui comprend la géographie comparée et l'ethnogénie, comme elle est en général relative à des peuples passés et non aux nations qui existent aujourd'hui, j'ai fait pour la désigner un nom composé de deux mots grecs παλαιὸς, *antique*, et de τίθημι, *poser*, ce nom est paléthétique. C'est ce qu'on voit dans le tableau suivant :

Science du 1er ordre.	*Sciences du 2e ordre.*	*Sciences du 3e ordre.*
ETHNOLOGIE. . . .	ETHNOLOGIE PROPREM. DITE.	Ethnographie.
		Toporistique.
	PALÉTHÉTIQUE.	Géographie comparée.
		Ethnogénie.

OBSERVATIONS. Cette subdivision de l'ethnologie en quatre sciences du troisième ordre résulte évidemment des quatre points de vue sous lesquels leur objet spécial peut être considéré successivement. Dans l'ethnographie se trouve compris tout ce qui est d'observation immédiate : point de vue autoptique. Dans la toporistique, la recherche des trois inconnues à déterminer constitue le point de vue cryptoristique. Les changemens qu'étudie et que compare la géographie comparée, font de cette dernière science le point de vue troponomique du même objet spécial. Le point de vue cryptologique n'est pas moins évident dans l'ethnogénie, qui s'occupe de l'origine des nations et des causes qui ont influé sur leurs progrès et leur décadence.

§ II.

Sciences du troisième ordre relatives aux monumens et à tous les produits des arts chez les anciens, qui ont échappé aux ravages du temps.

J'ai dit tout à l'heure quel était l'objet spécial des sciences dont il est ici question. Je dois seulement ajouter que la signification du mot monument, quand on lui donne toute l'extension qu'indique son étymologie(1), ne s'applique pas seulement à ce qu'on désigne ordinairement sous ce nom, mais encore à tous les objets qui nous retracent le souvenir des hommes qui ne sont plus : les vases, les médailles, les pierres gravées, les inscriptions, etc., qui nous restent des anciens, et dont la description et l'explication doivent, comme celles des monumens proprement dits, faire partie des sciences auxquelles ce paragraphe est consacré.

a. **Énumération et définitions.**

1. *Mnémiographie*. La simple description, mais la description aussi complète et aussi détaillée que possible des monumens, en donnant à ce mot la signification la plus générale, est la première chose dont on doit s'occuper dans l'étude de ces précieux restes de l'antiquité. De là, une première science du troisième ordre. L'analogie m'aurait porté à la nommer archéographie ; mais il m'a paru que ce mot désignerait la description de l'ensemble des choses anciennes et non une réunion de monographies, où chaque monument serait décrit séparément. Or, c'est précisément cette réunion de monographies dont il est ici question ; toute comparaison, toute classifica-

(1) *Monumentum*, ou *monimentum*, ce qui nous fait souvenir.

tion des divers monumens appartenant à une autre science du troisième ordre, dont je parlerai tout à l'heure sous le nom de *Critique archéologique*. C'est pourquoi j'ai donné à la science dont il s'agit ici le nom de *Mnémiographie*, du mot grec μνημεῖον, *monument*.

2. *Mnémiognosie*. Mais, ces monumens, il ne suffit pas de les décrire, il faut les interpréter, il faut découvrir les pensées qu'ils cachent, déterminer le but dans lequel ils ont été faits, les événemens dont ils ont été destinés à transmettre le souvenir à la postérité, assigner l'époque à laquelle ils remontent; c'est là l'objet d'une science qui a pour but d'expliquer les monumens que la mnémiographie s'est bornée à décrire. Conformément au mode de nomenclature que j'ai cru devoir employer pour les subdivisions de la glossologie, de la littérature et de la technesthétique, je donnerai à cette seconde science du troisième ordre le nom *Mnémiognosie*: *connaissance approfondie des monumens*.

3. *Critique archéologique*. Jusqu'ici, chaque débris de l'antiquité a été considéré isolément, il s'agit maintenant de les comparer entre eux et de déduire de cette comparaison des lois dont les unes nous servent à déterminer à quel peuple et à quelle époque ils appartiennent, à discerner ceux qui sont réels de ceux qui pourraient être fabriqués récemment; les

autres guident l'artiste qui, d'après de simples restes d'un monument, entreprend d'en reconstruire l'ensemble; comme les lois de la zoonomie ont conduit le créateur de cette science à reconstruire un animal perdu, d'après quelques os échappés aux révolutions du globe.

Des lois déduites de la comparaison des monumens se compose la science du troisième ordre que j'ai nommée *Critique archéologique*, et qui est pour l'archéologie ce qu'est la zoonomie pour la zoologie.

4. *Archéogénie*. Il reste alors à étudier, d'une part, ce que l'on pourrait appeler les *causes* des monumens, c'est-à-dire, les circonstances qui ont engagé les hommes à élever ces temples, à graver ces figures sur la pierre, à frapper ces médailles, etc.; de l'autre, *celles* qui ont déterminé les divers genres de monumens propres à différens peuples et à différentes époques. Toutes les vérités résultant de ces recherches, qui ont toujours pour base la comparaison des monumens, constituent l'*archéogénie*, ou science de l'*origine des monumens*.

b. Classification.

Ces quatre sciences renferment, dans leurs divers degrés et leurs développemens, toutes les vérités qui concernent les monumens de tout genre que nous ont laissés les hommes qui ne sont plus. Leur réunion forme une science du premier ordre connue sous le nom d'ARCHÉOLOGIE, que je lui conserverai. Ainsi que toutes les autres sciences du premier ordre, elle se divisera en deux sciences du second : la MNÉMIOLOGIE et l'ARCHÉOLOGIE COMPARÉE; la première, comprenant la *Mnemiographie* et la *Mnémiognosie*; la seconde, la *Critique archéologique* et l'*Archéogénie*. On voit que j'ai repris dans ce paragraphe le mode de nomenclature dont j'avais fait usage pour la littérature et la technesthétique, ce qui est naturellement indiqué par l'analogie qui se trouve entre l'archéologie et ces deux dernières sciences. Sans insister sur celle que tout le monde aperçoit entre la technesthétique et l'archéologie, on peut dire que celle-ci est à l'ethnologie ce qu'est la littérature à la glossologie, que les écrits sont les monumens des langues, et que les peuples anciens nous ont légué leurs pensées dans les monumens qu'ils nous ont laissés, comme les écrivains de l'antiquité nous ont légué les leurs dans leurs ouvrages.

Voici le tableau de la classification des sciences dont nous nous sommes occupés dans ce paragraphe :

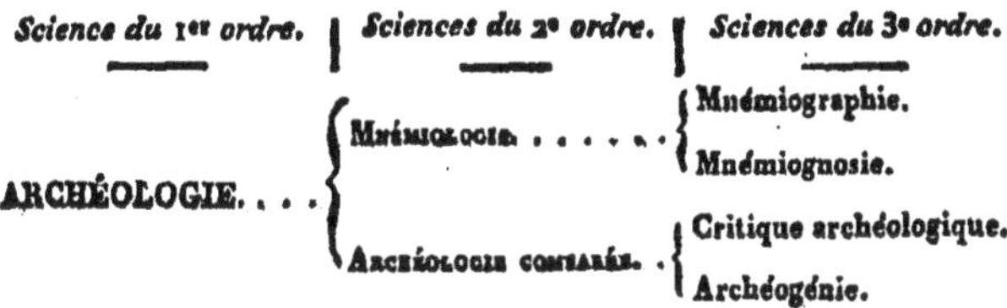

Science du 1er ordre.	*Sciences du 2e ordre.*	*Sciences du 3e ordre.*
ARCHÉOLOGIE. . . .	MNÉMIOLOGIE.	Mnémiographie.
		Mnémiognosie.
	ARCHÉOLOGIE COMPARÉE. .	Critique archéologique.
		Archéogénie.

OBSERVATIONS. Il est si facile au lecteur de reconnaître les quatre points de vue autoptique, cryptoristique, troponomique et cryptologique de l'objet spécial de l'archéologie dans les quatre sciences du troisième ordre dont je viens de parler, qu'il me paraît tout-à-fait inutile d'entrer dans aucun détail à ce sujet.

§ III.

Sciences du troisième ordre qui ont pour objet l'étude, la comparaison et l'explication des faits relatifs à l'existence passée ou actuelle des sociétés humaines.

L'ethnologie et l'archéologie viennent de nous faire connaître ce que l'on peut appeler le matériel des sociétés humaines ; étudions maintenant ces mêmes sociétés mises en action par les sentimens et les passions qui les animent.

a. Énumération et définitions.

1. *Chronographie*. On l'a dit souvent, les sociétés sont comme des individus; elles naissent, se développent peu à peu; elles ont des relations de voisinage, vivent en paix ou en guerre avec les sociétés voisines; elles agissent sous l'influence des sentimens et des passions des individus, qui deviennent les sentimens et les passions de la multitude; elles vieillissent, elles meurent. Pour étudier cette vie des sociétés, il faut commencer par l'observation des faits. Or, le simple récit ou la simple exposition des faits concernant la *vie* des sociétés constitue une première science du troisième ordre à laquelle je donne le nom de *Chronographie*, du mot χρονογραφία, qui a cette signification dans la langue grecque.

Lorsque je dis que la chronographie se borne à la simple exposition des faits, je n'entends pas qu'on doive en exclure l'indication des causes prochaines et évidentes des événemens qu'on raconte; car ces causes sont aussi des faits. Il appartient à la chronographie de dire comment chaque événement a influé sur ceux qui l'ont suivi; à montrer, par exemple, dans le refus que fit Louis XIV d'employer le prince Eugène, la cause d'une partie des désastres que la

France éprouva sous le règne de ce roi; et quand, comme je le dirai tout à l'heure, j'ai fait, sous le nom de philosophie de l'histoire, une science de l'étude des *causes* des diverses destinées des nations, je n'ai pas voulu retrancher de la chronographie ce qui se rapporte à la raison naturelle des événemens; et je n'ai réservé pour la philosophie de l'histoire que l'étude des véritables causes qui tiennent à l'ensemble de la vie des sociétés, et qui en amènent successivement les divers développemens.

2. *Chronognosie*. Mais, le plus souvent, les récits des faits historiques, surtout ceux que nous trouvons dans ce qui nous reste de l'antiquité, laissent beaucoup à désirer; leur authenticité, leur date précise, sont trop souvent incertaines. Les recherches à ce sujet qui doivent nous en donner une connaissance plus exacte et plus précise, constituent une seconde science du troisième ordre à laquelle j'ai donné le nom de *Chronognosie*, tiré de la même racine, χρόνος, *temps*, que le mot chronographie, et indiquant par sa terminaison cette connaissance plus approfondie.

3. *Histoire comparée*. Celui qui voudra connaître à fond l'histoire des sociétés humaines, ne se bornera pas aux deux sciences dont nous venons de parler. Il comparera l'enchaînement des événemens chez les diverses nations, les développemens successifs de la civilisation et des idées dominantes à chaque époque.

Il reconnaîtra chez les différens peuples une première époque, qui est pour eux ce que l'enfance est pour l'homme, où n'ayant encore qu'un petit nombre d'idées, ces idées sont profondément empreintes dans l'esprit de tous les individus dont ils se composent; où les croyances sont vives, l'esprit militaire, exalté; les lois, simples et sans indulgence; l'autorité, le plus souvent absolue; une seconde époque, où naissent de nouvelles idées, de nouveaux besoins, de nouveaux sentimens; où les lois deviennent plus humaines, les mœurs plus douces. Arrivent ensuite des époques où la civilisation se perfectionne, où la guerre cesse d'être l'unique motif des efforts des nations, où le commerce accumule les richesses, où le bien-être des individus s'accroît, mais où il arrive ordinairement que les croyances s'affaiblissent, que l'égoïsme remplace dans les cœurs le dévouement à son pays, où les mœurs perdent en sévérité ce qu'elles ont en politesse; d'autres époques enfin où la décadence des institutions sociales amène celle des peuples en eux-mêmes: c'est là l'histoire véritable, non celle des batailles, des siéges, des conquêtes, mais l'histoire du genre humain, étudiée comparativement dans tous les lieux et dans tous les temps. Il n'est pas nécessaire d'ajouter que c'est l'histoire considérée sous ce point de vue qui doit établir le synchronisme des annales des différens peuples, tracer le tableau de la naissance, des progrès, des révolutions et de la chute des empires, étudier l'action mutuelle, soit physique, soit intellectuelle, que les nations ont exercée les unes sur les autres, et découvrir, d'après l'observation, les lois générales, fondées sur la nature de l'esprit humain, qui ont présidé à ces grands changemens. Tels sont les divers objets de la vaste science à laquelle j'ai donné le nom d'*Histoire comparée.*

4. *Philosophie de l'histoire.* Les faits une fois exposés dans la chronographie, discutés dans la chronognosie, enchaînés dans un vaste système et liés par tous les rapports qu'il est possible d'établir entre eux dans l'histoire comparée, on peut s'élever à un genre de considérations encore plus intéressant; c'est l'explication de ces mêmes faits, la recherche des causes qui les ont produits, bien moins celle de ces causes accidentelles dont j'ai parlé à l'article de la chronographie, en disant que c'était à elle de les indiquer, que la recherche des causes qui tiennent, tant à la nature de l'esprit humain, qu'aux opinions, aux sentimens, aux passions qui se sont développés chez les diverses nations, qui ont déterminé leur caractère particulier, et, si l'on peut s'exprimer ainsi, constitué leur vie morale; c'est la raison de ces lois déduites de la comparaison des événemens et dont nous venons de parler dans l'article précédent; ce sont enfin les conséquences qu'on peut en tirer relativement au sort futur de chaque nation actuellement existante, d'après l'état intellectuel et moral où elles

se trouvent, et à celui même de l'ensemble du genre humain. Je conserverai à la science qui s'occupe de ce genre de considérations le nom de *Philosophie de l'histoire*, sous lequel elle est déjà connue, du moins en partie.

b. Classification.

L'HISTOIRE est la science du premier ordre qui comprend les quatre sciences du troisième que nous venons de définir. Elle se divise naturellement en deux sciences du deuxième ordre. J'ai donné à la première, qui comprend la chronographie et la chronognosie, le nom de diégématique, de l'adjectif grec διηγηματικὸς, narratif, mis au féminin, mais en sous-entendant τέχνη, et qui vient du verbe διηγέομαι, raconter, expliquer, d'où διήγημα, ce qu'on raconte, ce qu'on rapporte ; et à la seconde, composée des deux autres sciences du troisième ordre dont nous venons de parler, celui d'histoire proprement dite, parce que la diégématique ne fait connaître que les matériaux de l'histoire, et que cette science n'est complète que quand l'historien a comparé, coordonné, lié par des lois générales et expliqué ces matériaux.

Cette classification est représentée dans le tableau suivant :

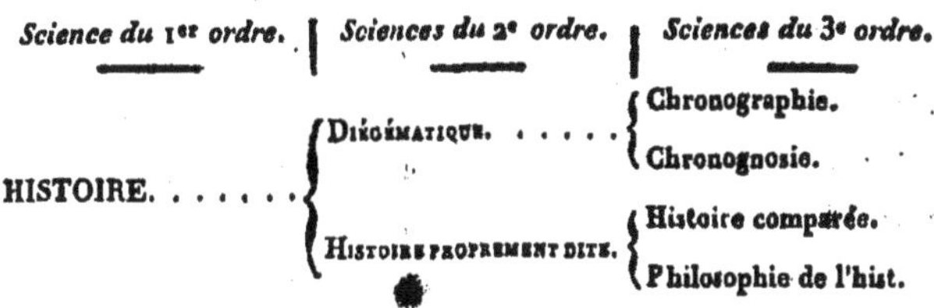

Science du 1er ordre.	*Sciences du 2e ordre.*	*Sciences du 3e ordre.*
HISTOIRE.	DIPLOMATIQUE.	Chronographie.
		Chronognosie.
	HISTOIRE PROPREMENT DITE.	Histoire comparée.
		Philosophie de l'hist.

OBSERVATIONS. Si les faits que raconte la chronographie ne sont pas et n'ont pu être observés par celui qui étudie cette science, elle n'en constitue pas moins le point de vue autoptique de l'objet spécial de l'histoire, d'après ce que nous avons déjà dit qu'il faut attribuer à ce point de vue, non-seulement ce que nous avons vu nous-mêmes, mais ce qui l'a été par autrui. La chronognosie entre dans un examen plus approfondi de ces faits ; elle en discute la vérité et se propose d'en fixer la date précise, toutes les fois que cette date est sujette à quelques difficultés ; c'est bien là le point de vue cryptoristique du même objet. Enfin, l'histoire comparée, qui rapproche, relativement aux analogies et aux dissemblances qu'ils présentent, les changemens successifs des gouvernemens, de la civilisation et de la prospérité ou de la décadence des diverses nations, en est évidemment le point de vue troponomique, comme la philosophie de l'histoire, qui recherche les causes de ces mêmes changemens, en est le point de vue cryptologique.

§ IV.

Sciences du troisième ordre relatives aux religions qui ont régné ou qui règnent actuellement parmi les nations.

Il en est des religions comme des gouvernemens sous

lesquels les peuples ont vécu ou vivent actuellement; l'ethnographie doit les indiquer en signalant les différences que présentent les diverses nations. L'histoire doit en raconter les vicissitudes; mais l'exposition, l'interprétation, la comparaison de leurs rits, de leurs dogmes, etc., les recherches relatives à leur origine et à la manière dont elles se sont répandues sur la surface de la terre, tout cela appartient à une science du premier ordre, que, bien qu'elle soit intimement liée à l'histoire dont elle est une sorte de complément, il convient d'étudier à part, de même qu'on doit le faire à l'égard des lois et des institutions politiques des divers peuples. C'est de cette science du premier ordre que nous avons à nous occuper dans ce quatrième paragraphe.

a. Énumération et définitions.

Hiérographie. L'étude, plus ou moins approfondie, suivant le but qu'on se propose, des rits, des croyances, des dogmes, etc., des diverses religions, est le sujet d'une première science du troisième ordre, à laquelle j'ai cru devoir donner le nom d'*hiérographie*, de ἱερός, sacré.

Considérée dans toute son étendue, elle embrasse les religions de tous les peuples, de ceux qui ne sont plus, comme des nations existantes aujourd'hui sur le globe. Elle peut se partager en autant de subdivisions que l'on compte de cultes principaux; mais ce sont là évidemment de ces divisions du quatrième ou du cinquième ordre dont je n'ai point à m'occuper dans cet ouvrage. Elles sont semblables à celles que l'on pourrait établir dans l'ethnographie ou la diégématique, en s'occupant séparément soit des diverses divisions de la surface de la terre, soit des événemens qui se sont passés dans des lieux ou à des époques déterminées. Et quand, dans chaque pays, on borne l'enseignement de l'*hiérographie*, pour ceux qui professent une religion, pour ceux mêmes qui doivent en être les ministres, aux rits et aux dogmes de cette religion, c'est qu'on regarde comme inutile l'étude de ceux des autres cultes; étude qui, en effet, n'est guère susceptible d'intéresser que ceux qui veulent approfondir cette branche de nos connaissances, et y puiser des matériaux pour les autres sciences du troisième ordre dont nous avons à parler dans ce paragraphe.

2. *Symbolique*. Ces rits, ces dogmes cachent souvent des idées autrefois réservées à un petit nombre d'initiés, et dont le secret, enseveli avec eux, peut cependant être retrouvé par ceux qui font une étude approfondie des renseignemens de tout genre qui nous restent sur ces anciennes croyances et sur les cérémonies qu'elles prescrivaient. De là une science à laquelle on a donné le nom de *symbolique*, que je

lui conserverai et où l'on se propose de découvrir ce qui était caché sous des emblêmes si divers.

3. *Controverse.* Les hommes ont un grand intérêt à comparer les religions entre elles, à examiner quels en sont les fondemens, les preuves qu'elles invoquent en leur faveur, et les objections qu'on peut élever contre elles; car c'est cette étude qui fixera leur opinion sur un objet si important par l'influence qu'il doit exercer sur tout l'ensemble de leur vie morale, et qui, lorsqu'ils sont incertains relativement à la vérité de la religion dans laquelle ils ont été élevés, dissipera leurs doutes ou les conduira à embrasser celle dont les preuves ne leur laisseront rien à désirer. Je donne à la science qui résulte de ce genre d'examen et de discussion, et sur laquelle on a écrit un si grand nombre d'ouvrages, le nom de *controverse*, que l'usage lui a consacré depuis long-temps.

4. *Hiérogénie.* Enfin, il reste à rechercher quelles sont les *causes* et l'origine de tant de religions répandues sur la terre. Y a-t-il eu plusieurs religions primitives, ou sont-elles toutes des transformations successives d'une première religion? Parmi des croyances si diverses et si multipliées, y a-t-il une religion que Dieu même ait donnée à l'homme et qu'il ait marquée de caractères qui ne permettent pas de la méconnaître? La comparaison des diverses religions conduit à la solution de ces graves questions. Toutes

les vérités résultant de ce genre de recherches constituent une science du troisième ordre, à laquelle je donne le nom d'*hiérogénie*.

Par l'étude des causes et de l'origine des religions, je n'entends pas seulement l'étude de ce que l'histoire nous fait connaître des hommes qui les premiers ont enseigné ou propagé les religions, celle des altérations successives ou des réformes qu'elles ont éprouvées; ces recherches appartiennent bien à l'hiérogénie; ce sont des emprunts qu'elle fait à l'histoire; mais elle a encore d'autres objets à considérer, elle doit chercher dans la nature de l'esprit humain, dans l'imagination, dans les caractères et dans les passions des hommes, ce qui a déterminé la forme qu'ont prise les fausses religions et les modifications qu'elles ont subies; comment la plupart, mystérieuses et terribles d'abord, ont dégénéré en fables ridicules, puériles ou gracieuses, qui, perdant peu à peu toute influence sur la conduite des individus, n'ont presque plus été pour eux qu'un sujet d'amusement; comment il est arrivé que les hommes aient cru honorer la divinité par des sacrifices humains, par des mutilations honteuses, par des rits infâmes. Il faut bien que cette aberration si singulière ait sa racine dans la nature de l'esprit humain, puisqu'on la retrouve chez presque tous les peuples de l'antiquité; c'est au philosophe de tâcher de l'expliquer en la liant à l'étude de toutes les circonstances que présente la pensée humaine considérée soit en elle-même, soit relativement aux changemens qu'on remarque, suivant les lieux et les temps, dans le développement de l'intelligence, dans les sentimens et les passions des hommes.

b. Classification.

Les quatre sciences du troisième ordre dont nous venons de parler, embrassent toutes les vérités qui concernent les religions : objet spécial de ce paragraphe ; nous les réunirons donc en une science du premier ordre : l'HIÉROLOGIE. Ce mot est formé de l'adjectif grec ἱερὸς, sacré. L'hiérologie doit être divisée en deux sciences du second ordre : la SÉBASMATIQUE, de σέβασμα, culte ; et l'HIÉROLOGIE COMPARÉE ; la première renfermera l'hiérographie et la symbolique, et la seconde la controverse et l'hiérogénie, ainsi qu'on le voit dans le tableau qui suit :

Science du 1er ordre.	*Sciences du 2e ordre.*	*Sciences du 3e ordre.*
HIÉROLOGIE. . . .	SÉBASMATIQUE.	Hiérographie.
		Symbolique.
	HIÉROLOGIE COMPARÉE. . .	Controverse.
		Hiérogénie.

OBSERVATIONS. Le lecteur accoutumé par tout ce qui précède à voir comment un objet d'étude considéré sous les quatre points de vue autoptique, cryptoristique, troponomique, cryptologique, donne lieu à des sciences diverses, aura certainement reconnu de lui-même dans ce tableau un nouveau résultat de la correspondance des quatre points de vue, avec la division naturelle de chaque science du premier ordre en quatre sciences du troisième.

Il me paraît d'autant moins nécessaire d'insister sur ce sujet, que je ne pourrais le faire qu'en répétant ce que j'ai dit dans les observations précédentes relativement aux quatre sciences du troisième ordre dont se compose l'histoire. Je remarquerai seulement que la *symbolique*, qui a, comme la chronologie, des inconnues à découvrir, prend le caractère interprétatif qui s'est déjà manifesté dans un grand nombre de sciences appartenant au même point de vue; ce qui, du reste, n'en marque que mieux les caractères du point de vue cryptoristique dans la *symbolique*.

§ V.

Définitions et classification des sciences du premier ordre qui ont pour objet l'étude des sociétés humaines et toutes les circonstances de leur existence actuelle ou passée.

Les quatre sciences du premier ordre que nous venons de parcourir se rapportant à un même objet général : l'*étude des sociétés* faite seulement dans la vue de les *connaître*, il nous reste à en former un embranchement, à en déterminer les limites respectives, les rapports mutuels, et l'ordre dans la classification naturelle des connaissances humaines.

a. **Énumération et définitions.**

1. *Ethnologie.* La définition de l'ethnologie ne peut souffrir aucune difficulté; ce nom même en indique l'objet, et c'est ce qui m'a engagé à le préférer à celui de géographie, qu'on emploie ordinairement pour désigner la science du premier ordre dont il est ici question, par suite d'un ancien usage établi à une époque où l'on n'avait pas même songé à faire de la géographie une science à part. Pour continuer de se servir de cette expression, il faudrait y joindre une épithète qui en exclût la géographie physique, que la place qu'elle occupe dans le premier règne sépare entièrement de la science dont il s'agit ici; il faudrait dire, par exemple, *géographie sociale*, ce qui serait une innovation plus forte encore que d'adopter le nom d'ethnologie, déjà employé par plusieurs auteurs. D'ailleurs, en décrivant le pays occupé par une nation, il peut être utile d'indiquer la nature et les accidens du sol des différentes parties de ce pays, les fleuves qui l'arrosent, les mers qui en baignent les rivages, et d'autres circonstances qui tiennent à la géographie physique, où elles sont seulement étudiées en elles-mêmes, au lieu de l'être, comme dans l'ethnologie, par rapport à l'influence qu'elles peuvent exercer sur le caractère des habitans, les limites qui séparent une na-

tion des nations voisines, les migrations des peuples; ce sont alors des emprunts faits à la géographie physique par l'ethnologie; emprunts qui ne présentent aucun inconvénient dans l'ordre naturel des connaissances humaines, puisque la première de ces deux sciences s'y trouve placée bien avant la seconde.

La ligne de démarcation entre ces deux sciences étant ainsi tracée d'une manière précise, il ne peut rester de difficulté sur les limites qui séparent l'ethnologie des autres sciences, qu'à l'égard de la quatrième science du troisième ordre qui y est comprise: l'*Ethnogénie*. On pourrait croire en effet que celle-ci devrait être considérée comme étant du domaine de l'histoire; mais qui ne voit qu'à ce compte la géographie comparée en serait aussi? Ces deux sciences sont évidemment inséparables, l'origine et les migrations des peuples n'étant en quelque sorte qu'un cas particulier des changemens de tout genre qu'ont éprouvés les nations et qui sont l'objet de la *géographie comparée*. D'ailleurs l'ethnogénie peut en général être étudiée, indépendamment de l'histoire proprement dite; et ses deux bases principales: *les caractères physiques des différentes races* et *l'analogie ou la diversité des langues*, ont déjà été étudiées dans les siences énumérées précédemment: la première dans la zoologie, et la seconde dans la glossologie.

2. *Archéologie*. Autant il est aisé de définir l'ar-

chéologie en disant qu'elle a pour objet de décrire, d'interpréter, de constater l'authenticité et de découvrir l'origine des monumens, et en ajoutant qu'on comprend sous ce nom de monumens tous les témoins qui nous restent de l'existence des peuples qui ont passé sur la terre, autant il est difficile de séparer l'archéologie, par des limites précises, de plusieurs autres sciences qui ont avec elle des points de contact très intimes. C'est surtout à l'égard de la glossologie et de la technesthétique que cette difficulté se fait sentir; ainsi, pour la première, on ne voit pas d'abord bien clairement ce qui doit être rapporté à l'archéologie et ce qui doit l'être à la glossologie, dans un travail comme celui du célèbre Champollion sur les hiéroglyphes égyptiens. Je pense à ce sujet qu'il faut rapporter à la première de ces deux sciences l'interprétation des caractères soit hiéroglyphiques, soit phonétiques tracés sur les monumens égyptiens de tout genre, tant que la signification de ces caractères est inconnue; mais quand cette interprétation sera complète et qu'on ne pourra plus méconnaître dans le cophte la langue des anciens Egyptiens, l'étude des caractères dont ils se sont servis pour l'écrire appartiendra à la glossologie.

Quant à la technesthétique, la difficulté vient de ce qu'un même monument peut être étudié sous des rapports très différens, et que si cette étude appartient à l'archéologie, tant qu'elle est faite, comme il vient d'être dit, elle se rapporte à la technesthétique lorsqu'il s'agit des beautés et des défauts de ce même monument considéré comme un produit de l'art, indépendamment de ce qu'y cherche l'archéologue. Nous avons déjà vu plus d'une fois que le même objet considéré sous divers rapports, peut appartenir à des sciences différentes; et cette idée a été développée, pages 168, 169, etc., de la première partie, en prenant pour exemple une fonction organique qui doit être rapportée à la zoologie, quand elle est considérée en elle-même, et qui, quand il s'agit des causes qui la déterminent, des maladies où il convient en général de la provoquer, ou de son emploi dans une maladie individuelle, doit l'être à différentes branches des sciences médicales.

Quant à la place que l'archéologie doit occuper dans la série des connaissances humaines, elle se trouve nécessairement déterminée par la considération que cette science, d'une part, sert de complément à la géographie des anciens peuples, et, de l'autre, prépare à l'étude de l'histoire, à laquelle elle est si intimement liée, que j'ai même hésité quelques momens sur la question de savoir si elle devait précéder l'histoire, ou être placée immédiatement après.

En effet, l'explication d'un monument ne peut quelquefois être trouvée qu'à l'aide de ce que l'histoire nous apprend sur les hommes qui en ont été les auteurs, et ce serait une raison pour placer l'histoire avant l'archéologie. Mais il arrive bien plus souvent que l'étude des monumens, que la découverte d'une médaille ou d'une inscription antique nous révèlent l'existence de nations, de souverains, d'événemens quelconques qui n'ont laissé aucune autre trace; et lors même que les historiens en ont parlé, c'est encore à ces monumens seulement qu'on en doit une connaissance exacte et dont la certitude soit à l'abri de toute discussion. Ce sont là les secours que l'histoire est obligée d'emprunter à l'archéologie, et qui, plus nombreux et plus importans que ceux qu'elle lui prête, ne permettent pas d'établir entre ces deux sciences un ordre différent de celui où je les range ici.

3. *Histoire*. Jusqu'ici nous n'avons eu à considérer dans l'ethnologie et l'archéologie que ce qu'on pourrait appeler le *matériel* des nations : les régions qu'elles habitent et celles d'où elles sont sorties; les villes qu'elles ont bâties, les monumens de tout genre qu'elles ont laissés, etc. Nous allons maintenant, tant dans le reste de ce chapitre que dans le chapitre suivant, voir les nations agir comme des individus, obéir à des sentimens, à des passions, à des croyances, pourvoir à leurs besoins, à leur défense, et assurer la tranquillité publique par des lois et des gouvernemens. C'est alors que l'énumération de toutes les sciences relatives aux sociétés humaines étant achevée, la tâche que nous nous étions imposée sera accom-

plie. Et d'abord nous avons à nous occuper de l'histoire, à indiquer tout ce qui doit être compris dans cette science, et à tracer les limites dans lesquelles elle doit être renfermée.

Ici se présente une question importante. Il existe beaucoup d'ouvrages qui ont pour objet d'exposer les progrès successifs par lesquels les différentes sciences sont arrivées aux degrés de perfection où elles se trouvent aujourd'hui, et qui portent le nom d'histoire de ces diverses sciences, comme histoire des mathématiques, histoire des sciences naturelles, de la médecine, de la peinture, de la sculpture, du commerce, de la législation, etc. Ces ouvrages doivent-ils être rapportés à la science dont il s'agit ou doivent-ils l'être à chacun des groupes de vérités dont ils racontent les progrès? La seconde manière de voir me semble préférable. L'histoire est une science ethnologique; c'est celle des différens peuples considérés comme des réunions d'hommes qui se forment, s'accroissent, sont susceptibles de passer par divers états de civilisation, de vieillir et de mourir. Les hommes qui se sont fait un nom dans la postérité n'en font essentiellement partie que par l'influence qu'ils ont eue sur la destinée des nations. L'histoire de ceux dont les travaux ont accru le domaine de chaque groupe de vérités appartient à ces groupes, et c'est avec raison que dans beaucoup de traités scientifiques, on place cette histoire à la tête de l'ouvrage comme une sorte d'introduction. Peut-être serait-il encore plus rationnel de la placer à la fin. Par là elle serait plus intelligible et on n'aurait à parler au lecteur que de ce qu'il connaît déjà. Cette réflexion s'applique et aux sciences de différens ordres, et aux groupes de vérités plus généraux, comme les sous-embranchemens, les embranchemens, etc. On conçoit, en effet, qu'on pourrait, par exemple, faire soit une histoire suivie, soit un dictionnaire biographique des travaux, des découvertes, de la vie des chimistes ou à la tête d'un traité de chimie, ou dans un ouvrage à part, et que, dans tous les cas, cet ouvrage appartiendrait à la chimie, en y comprenant tout ce qui se rapporte réellement à cette science. Il en serait de même par rapport à l'analyse mathématique, qu'on pourrait suivre ainsi dans tous ses progrès, de l'Inde où elle a pris naissance à l'école d'Alexandrie, dans ce qui nous reste de Diophante, chez les Arabes et chez les Algébristes modernes, jusqu'aux traités de cette science qui servent aujourd'hui à l'enseignement. Ce sont là les sciences du troisième ordre. La même chose peut avoir lieu pour une science du second, pour une du premier, pour un sous-embranchement, pour un embranchement, par exemple, un traité, ou un dictionnaire biographique, des découvertes, etc., etc. (1).

(1) Mon père avait d'abord envisagé autrement le but et le do-

4. *Hiérologie*. Quoique cette science soit suffisamment définie, dès qu'on a indiqué l'objet spécial

maine de l'histoire. En respectant sa dernière pensée, j'ai cru devoir conserver le morceau qu'on va lire. On verra comment son puissant esprit pouvait saisir les deux côtés d'une question, et combien il savait rendre plausibles même les opinions qu'une méditation plus approfondie lui faisait abandonner.

« On a, en général, beaucoup trop restreint le champ de « l'histoire en n'y comprenant presque exclusivement que ce qui « est relatif au gouvernement et aux événemens militaires. Ce « n'est pas là l'histoire complète ; elle doit embrasser toutes les « vicissitudes de l'esprit humain, en différens lieux, en différens « temps. Tous les hommes qui ont laissé leur nom à la postérité, « pour quelque raison que ce soit, y doivent également trouver « place ; Homère, Raphaël et Newton appartiennent à l'histoire « tout autant qu'Alexandre, Gengiskan, ou Louis XIV. La con- « struction de Saint-Pierre de Rome est un événement tout aussi « historique que la fondation d'Alexandrie, une découverte dans « les sciences autant qu'une bataille.

« On doit définir l'histoire : la connaissance de tous les événe- « mens qui, sous quelque rapport que ce soit, se rattachent à « l'homme considéré dans le temps ; c'est pourquoi un diction- « naire biographique est un ouvrage historique ; c'est pourquoi « une histoire complète du genre humain devrait comprendre « toutes les subdivisions du quatrième ou du cinquième ordre de « cette science, relatives aux différentes branches des connais- « sances humaines, telles que l'histoire des mathématiques, celle « du commerce et de l'industrie, celle des sciences naturelles ou « médicales, celle de la philosophie, de la littérature et des arts « libéraux, de la législation, etc. ; comme d'autres subdivisions « de la même science réunissent les faits relatifs aux mêmes « lieux, telles que l'histoire d'un peuple, d'une province, d'une « ville, etc., ou aux mêmes époques, comme l'histoire ancienne, qu'elle étudie, il peut cependant rester quelques difficultés, tant sur les limites qui la séparent des autres sciences, que sur la place qu'il convient de lui assigner dans la série des connaissances et sur l'embranchement de ces sciences dans lequel elle doit être comprise; c'est de la solution de ces difficultés que nous avons à nous occuper.

La première est relative à la limite qui sépare l'hiérologie de la théologie naturelle et de la théodicée. Le but commun que ces sciences se proposent également est d'éclairer l'homme sur les rapports qui peuvent exister entre lui et son Créateur, et sur la première origine de toutes choses. Mais les moyens qu'elles emploient pour y parvenir sont trop différens pour que ce soit un motif de les réunir, lorsque,

« celle du moyen âge et l'histoire moderne. Sans doute cette his-
« toire complète, suffisamment détaillée, qui n'existe point encore, serait au-dessus des forces, non seulement d'un seul
« auteur, mais peut-être même d'une réunion de savans, à moins
« qu'on ne supposât cette réunion très nombreuse; mais ce n'est
« point une raison pour ne pas comprendre dans la science dont
« il est ici question, tout ce qu'elle doit embrasser; et si la plu-
« part des historiens en ont négligé une si grande partie pour
« s'attacher presque exclusivement à la partie politique et mili-
« taire, c'est qu'ils ont modelé leurs ouvrages sur ceux des his-
« toriens de la Grèce et de Rome, écrits à une époque où l'on
« ne s'était point encore élevé à cette idée : que la marche de
« l'esprit humain était, plus encore que les faits matériels, le vé-
« ritable objet de l'histoire. »

d'une part, la théologie naturelle et la théodicée ne peuvent être séparées des deux autres sciences du troisième ordre comprises dans la métaphysique et qui ont pour but de résoudre les différentes questions qu'on peut se proposer sur la nature des substances, soit matérielles, soit spirituelles; que serait en effet un cours de philosophie où il ne serait pas question de Dieu? et, de l'autre, comment l'hiérologie pourrait-elle précéder l'histoire, qui ne peut venir qu'après l'étude des facultés intellectuelles et morales, des passions et des caractères des hommes, des langues, des arts libéraux, de l'ethnologie et de l'archéologie? car, c'est sur les témoignages de l'histoire que reposent tous les faits qui servent de base à la révélation et les preuves que doit développer la controverse. L'histoire sainte, l'histoire ecclésiastique sont évidemment du domaine de l'histoire comme toutes les autres branches de cette dernière science, comme la géographie de la Palestine appartient à la géographie comparée. Comment ranger l'hiérologie dans les sciences philososophiques sans y mettre aussi cette partie de l'histoire et de la géographie comparée qui ne sauraient y être placées?

Peut-être quelques lecteurs penseraient au contraire que l'hiérologie est si intimement liée à l'histoire que j'aurais dû l'y comprendre, au lieu d'en faire une science à part. Mais alors il y aurait eu les mêmes motifs pour y placer aussi d'autres sciences et particulièrement celles dont nous parlerons dans le chapitre suivant sous le nom de nomologie. Il y a dans l'hiérologie, comme dans toutes les autres branches des connaissances humaines, une partie historique qui est comprise dans l'histoire, mais il y a aussi une partie d'exposition et de discussion qui doit être considérée comme appartenant à une science du premier ordre distincte de toutes les autres.

Une troisième difficulté consiste à savoir si l'hiérologie ne pourrait pas être considérée comme une des sciences qui s'occupent des moyens d'agir sur les sociétés humaines et comme devant par conséquent être rangées parmi les sciences de l'embranchement suivant. J'ai moi-même hésité si ce n'est pas là que je la placerais; mais j'ai pensé qu'il y avait entre l'hiérologie et ces sciences dont je m'occuperai dans le chapitre suivant, sous le nom de sciences politiques, une différence qui ne permettait pas de la réunir avec elles dans un même embranchement. Les sciences politiques ont pour objet le bien-être physique des nations; mais ce n'est pas de ce bonheur qu'il s'agit dans les sacrifices que l'homme religieux s'impose. Le législateur peut changer les lois, les constitutions des états; il ne dépend pas de lui que celui qui *croit* cesse de croire, ou croie autrement. C'est en vain que les empereurs romains qui pouvaient à leur gré disposer des armées et changer les lois, ont employé toute leur puissance à anéantir la religion que prêchaient les apôtres. La religion d'un peuple, quand elle est profondément gravée dans les cœurs, est un fait au dessus de la puissance qui décide du sort des états. J'aurais cru avilir ce qu'il y a de plus respectable sur la terre, si, en le plaçant dans l'embranchement des sciences politiques, je l'avais considéré comme un simple moyen d'ordre public. Sans doute que la croyance d'un peuple est une des causes qui agissent le plus puissamment sur son état social; mais son influence est d'une nature particulière et très différente de celle des autres institutions civiles et politiques. J'aurai bientôt l'occasion de revenir sur ce sujet.

b. Classification.

Les quatre sciences du premier ordre que je viens de faire connaître, embrassant toutes les vérités qui se rapportent à la *simple connaissance* des sociétés humaines, j'en formerai un embranchement auquel je donnerai le nom de SCIENCES ETHNOLOGIQUES. Cet embranchement sera lui-même subdivisé en deux sous-embranchemens, l'un des SCIENCES ETHNOLOGIQUES PROPREMENT DITES, renfermant l'ethnologie et l'archéologie; l'autre des SCIENCES HISTORIQUES, comprenant l'histoire et l'hiérologie, comme on le voit dans le tableau suivant :

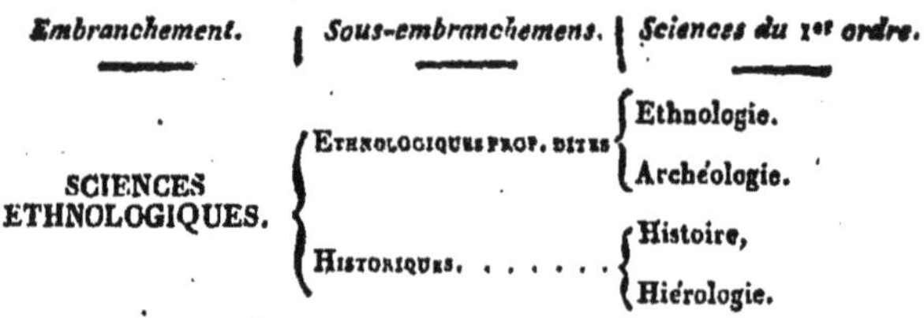

Embranchement.	*Sous-embranchemens.*	*Sciences du 1er ordre.*
SCIENCES ETHNOLOGIQUES.	ETHNOLOGIQUES PROP. DITES	Ethnologie.
		Archéologie.
	HISTORIQUES.	Histoire,
		Hiérologie.

OBSERVATIONS. Il est impossible, surtout quand on se rappelle qu'il faut prendre ici les divers points de vue dans un sens plus large que lorsqu'il s'agit des sciences du troisième ordre, de méconnaître, dans l'ethnologie, le point de vue autoptique de l'objet général des quatre sciences du premier ordre dont nous venons de parler. Le point de vue cryptoristique de cet objet est encore plus manifeste, s'il est possible, dans l'archéologie. Dans l'histoire qui s'occupe de toutes les vicissitudes successives de l'existence des nations, et où l'on cherche quelles sont les lois générales qui président à ces changemens, on reconnaît aisément tous les caractères du point de vue troponomique. Enfin, les religions sont, parmi les causes qui influent sur le sort des nations, ce qu'il y a de plus mystérieux et de plus caché. L'hiérologie, qui les étudie, correspond donc au point de vue cryptologique du même objet général. Je remarquerai à ce sujet que les autres causes qui influent également sur le sort des nations sont les objets des quatre sciences du premier ordre dont nous nous occuperons dans le chapitre suivant. Elles diffèrent de l'hiérologie en ce que ces objets dépendent beaucoup plus immédiatement du choix qu'en font les hommes. Elles ont toutes plus ou moins le caractère cryptologique; car, comme nous le verrons dans les observations placées à la fin du cinquième chapitre, l'embranchement qu'elles forment par leur réunion répond au point de vue cryptologique, pris dans un sens encore plus étendu, de toutes les sciences noologiques. Le lecteur a dû observer la même chose dans les sciences cosmologiques; la zootechnie, qui cherche les moyens de tirer des animaux toute l'utilité possible, répond au point de vue cryptologique, en tant qu'elle présente ce point de vue relativement à l'objet général des sciences naturelles ; et l'on emarque plus ou moins le même caractère cryptologique dans a physique médicale, l'hygiène et la médecine pratique, parce que l'embranchement qui est formé de la réunion de ces sciences, correspond à ce même point de vue dans l'ensemble des sciences cosmologiques.

CHAPITRE QUATRIÈME.

SCIENCES NOOLOGIQUES RELATIVES AUX MOYENS PAR LESQUELS LES NATIONS POURVOIENT A LEURS BESOINS, A LEUR DÉFENSE ET A TOUT CE QUI PEUT CONTRIBUER A LEUR CONSERVATION ET A LEUR PROSPÉRITÉ.

A l'étude de l'état des sociétés humaines, des changemens ou révolutions qu'elles ont éprouvés, des croyances religieuses qui les dirigent, doit succéder, dans l'ordre naturel, celle des moyens par lesquels elles se conservent et s'améliorent. C'est là l'objet des sciences dont il sera question dans ce chapitre.

Nous verrons dans les observations placées à la fin du chapitre suivant, pourquoi les sciences comprises dans celui-ci présentent, comme les sciences médicales, cette circonstance que les objets dont elles s'occupent ont tous un caractère de causalité qui ne permet pas de considérer une partie de ces sciences comme plus élémentaire que l'autre. C'est pourquoi j'emploierai ici, relativement aux sciences du second ordre, le même mode de nomenclature dont je me suis servi pour les sciences médicales. Dans le présent chapitre, il y aura des sciences du second ordre, dont le nom se formera de celui de la science du premier ordre à laquelle il appartient, joint à l'épithète : *proprement dite*. Il n'y en aura point où l'on fasse usage de l'épithète : *élémentaire*.

§ Ier.

Sciences du troisième ordre relatives aux richesses et aux sources de la prospérité des nations, ainsi qu'à leur influence sur le bonheur des individus dont elles se composent.

C'est par ces sciences qu'il faut commencer l'énumération de toutes celles dont nous avons à traiter dans ce chapitre; car, avant d'organiser des armées, de faire des lois, d'établir des gouvernemens, il faut d'abord que les hommes subviennent à leurs besoins, assurent leur subsistance et tout ce qui est indispensable à leur existence physique.

a. Énumération et définitions.

1. *Statistique.* La première chose à étudier ici, c'est l'état de ce qui fait la richesse et la force d'une nation ou d'une contrée, comme sa population comparée à l'étendue de son territoire et répartie suivant les différens âges et les diverses professions, ses productions, son industrie, son commerce, ses charges, ses revenus dans leurs rapports avec la consommation, les différentes manières dont les richesses se trouvent distribuées entre ses habitans, etc. De tout cela se compose la science à laquelle on a donné le nom de *Statistique.*

Cette science, à la prendre dans toute l'étendue dont elle est susceptible, doit embrasser tous les lieux et tous les temps; mais on n'a pas même essayé encore de faire une statistique complète; et les ouvrages publiés sur ce sujet sont bornés à certains lieux, à certaines époques. On doit les considérer comme des espèces de monographies, des matériaux de la science, plutôt que la science elle-même.

2. *Chrématologie.* Après que la statistique a constaté l'état d'un pays sous le rapport de la population, des richesses de tout genre, etc., il s'agit de chercher comment se produisent ces richesses, comment elles se consomment. De là, une seconde science du troisième ordre à laquelle j'ai cru devoir donner

le nom de *Chrématologie*, de χρῆμα, chose utile, richesse (1).

3. *Cœnolbologie comparée*. Après que la statistique et la chrématologie ont fait connaître l'état plus ou moins prospère où se trouvent les différens pays, et les sources si variées de leurs prospérités, il reste à comparer les résultats que ces deux sciences nous fournissent, pour établir des lois générales sur les rapports mutuels qui existent entre les différens degrés de bien-être, etc., ou de malaise des diverses populations, et toutes les circonstances dont ils dépendent, telles que les habitudes et les mœurs de ceux qui travaillent, leur plus ou moins d'instruction, leur plus ou moins de prévoyance de leurs besoins futurs et de ceux de leurs familles, le sentiment du devoir qui se développe dans les hommes à

(1) *Nota*. Dans le tableau que j'ai publié avec la première partie de mon ouvrage, cette science portait le nom de *chrématogénie*, qui ne désignait qu'une partie des recherches dont elle se compose; car elle n'étudie pas seulement l'origine des richesses, en faisant connaître comment elles sont produites, mais encore comment elles se consomment, et en général elle étudie toutes les vérités relatives à ces deux objets; vérités liées d'une manière si intime qu'elles font nécessairement partie d'une même science. C'est pourquoi j'ai cru devoir remplacer le nom chrématogénie par celui de *chrématologie*, que j'avais employé pour la science du *second ordre* où elle est comprise avec la statistique. Nous verrons tout à l'heure comment je désigne maintenant cette science du second ordre.

mesure que leur intelligence se perfectionne, les divers degrés de liberté dont ils jouissent, depuis l'esclave jusqu'au paysan norwégien, ou l'ouvrier de New-Yorck ou de Philadelphie, surtout les différentes manières dont les richesses sont distribuées, suivant qu'elles sont concentrés dans un petit nombre de mains, ou réparties en petites propriétés, en petits capitaux. Les lois dont nous parlons, fondées uniquement sur l'observation ou la comparaison des faits, sont l'objet de la science que j'ai nommée *Cœnolbologie comparée* (1).

Pour former ce nom de cœnolbologie, j'ai fait

(1) Cette science a pour objet de déduire de la comparaison des degrés si divers de prospérité qu'on observe chez différentes nations ou chez une même nation à des époques différentes, les conditions qui font fleurir les unes et laissent les autres dans un état de malaise au dedans et de faiblesse au dehors; celle de ces conditions, qui m'avait d'abord frappé, consiste dans les diverses manières dont les richesses sont distribuées; et bornant alors la science dont il est ici question aux effets qui en résultent, j'avais fait pour la désigner le nom de dianémétique, du verbe *διανέμω*, *distribuer*, et j'avais cru devoir renvoyer à la science suivante l'étude des autres circonstances qui peuvent influer en bien et en mal sur la prospérité des nations. J'ai reconnu depuis que tant que l'on détermine, par la comparaison des faits, les conditions de l'état plus ou moins prospère des divers peuples, cette détermination fait partie de la science dont nous nous occupons. C'est ce qui m'a décidé à remplacer le mot de *dianémétique*, dont la signification était évidemment trop restreinte, par celui de *cœnolbologie comparée*.

d'abord, des deux mots grecs κοινός, commun, et ὄλβος, bonheur, richesse, prospérité, le mot composé κοινολβία, richesse et félicité publique, et je n'ai plus eu ensuite qu'à y joindre la terminaison ordinaire *logie*.

4. *Cœnolbogénie*. La comparaison que la science précédente fait de l'état social des diverses nations, nous conduit à reconnaître parmi les circonstances où elles peuvent se trouver, celles qui contribuent à la prospérité de chacune et celles qui lui nuisent. Alors on peut rechercher les *causes* qui ont amené ces circonstances, qui ont fait, par exemple, que les habitans de tel ou tel pays sont portés à l'activité ou à la paresse, qu'ils sont généralement instruits ou ignorans, qu'ils songent à leur avenir et à celui de leurs enfans, ou qu'ils cessent de travailler dès qu'ils ont de quoi vivre pour quelques jours, et qu'ils ne reprennent le travail qu'à mesure que les besoins du moment les y rappellent, qu'ils savent qu'ils ont des devoirs à remplir ou qu'ils n'agissent que pour satisfaire à leurs appétits; que là s'est établi l'esclavage ou un état qui en diffère peu; là un degré de liberté plus conforme à la dignité de l'homme et plus favorable à son bonheur; enfin, quelles sont les causes qui ont amené les immenses fortunes de quelques familles, et la misère du plus grand nombre. Tels sont les objets qu'étudie la science à laquelle j'ai donné le nom de *Cœnolbogénie* (1), et qui non seu-

(1) C'est à cette science que j'avais d'abord assigné le nom de

lement rend raison de ce qui a été observé dans la statistique, expliqué dans la chrématologie, étudié comparativement et réduit en lois dans la cœnolbologie comparée, mais encore fait connaître par quels moyens on peut améliorer graduellement l'état social et faire disparaître peu à peu toutes les causes qui entretiennent les nations dans un état de faiblesse et de misère.

b. Classification.

Les quatre sciences du troisième ordre dont je viens de parler comprenant toutes les vérités relatives à l'objet spécial défini dans le titre de ce paragraphe, leur réunion forme une science du premier ordre, que l'on désigne tantôt sous le nom d'économie politique et tantôt sous la dénomination qui me paraît bien préférable, d'ÉCONOMIE SOCIALE. Cette

cœnolbologie, parce que j'y comprenais alors une partie des conditions de prospérité qui, d'après ce que j'ai dit tout à l'heure, doivent être comprises dans la science précédente. Maintenant qu'elle ne contient plus rien de relatif aux conditions d'après lesquelles tel peuple est heureux ou puissant, tel autre est malheureux au dedans et faible au dehors, et qu'elle se borne à la recherche des *causes* qui ont amené ces conditions, afin d'en déduire les moyens les plus propres à améliorer le sort des peuples, le nom de cœnolbogénie est évidemment le seul qui lui convienne.

dernière expression est en effet à la fois plus générale et mieux appropriée au but que se propose la science.

L'économie sociale, comme toutes les autres sciences du premier ordre, se divise en deux sciences du second. La première se compose de la statistique et de la chrématologie; c'est à elle qu'on a long-temps borné toute l'économie sociale, c'est pourquoi je l'appellerai ÉCONOMIE SOCIALE PROPREMENT DITE. La seconde, formée par la réunion de la cœnolbologie comparée et de la cœnolbogénie, prendra simplement le nom de CŒNOLBOLOGIE, dont j'ai donné tout à l'heure l'étymologie. C'est ce qu'on voit dans le tableau suivant :

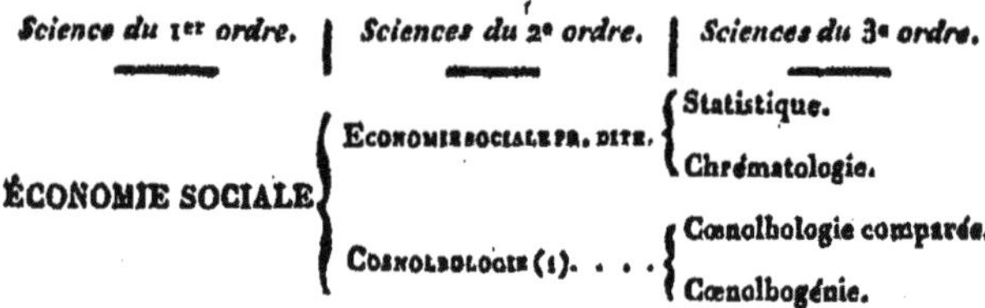

Science du 1er ordre.	*Sciences du 2e ordre.*	*Sciences du 3e ordre.*
ÉCONOMIE SOCIALE	ÉCONOMIE SOCIALE PR. DITE.	Statistique.
		Chrématologie.
	CŒNOLBOLOGIE (1). . . .	Cœnolbologie comparée.
		Cœnolbogénie.

(1) C'est ici que la nomenclature suivie dans le tableau publié avec la première partie de mon ouvrage, éprouve un changement total. De ces deux sciences du second ordre, l'une étudie simplement l'état de richesse et de prospérité où se trouve chaque nation; l'autre s'occupe de tout ce qui est relatif aux circonstances, aux conditions et aux causes de tout genre dont il dépend. Dès lors, quelle est celle de ces deux sciences qui devait porter le nom d'*économie sociale proprement dite?* Je n'avais pas assez examiné cette question, lorsque je crus que c'était à la seconde, parce que je la regardais comme le but vers lequel tendait toute

Observations. La statistique emprunte à l'observation les faits dont elle se compose; la chrématologie étudie ce qui est caché sous ces faits. La cœnolbologie comparée rapproche ces faits, les compare et les ramène à des faits généraux qui constituent autant de lois; enfin, la cœnolbogénie remonte aux causes de ces faits généraux. Qui pourrait méconnaître ici les quatre points de vue autoptique, cryptoristique, troponomique, cryptologique de l'objet spécial de l'économie sociale.

§ II.

Sciences du troisième ordre relatives aux moyens de défense et d'attaque qu'emploient les nations contre leurs ennemis.

Il ne suffit pas aux sociétés humaines d'avoir en elles-mêmes les principes et les moyens de leur conservation; il faut encore qu'elles puissent repousser les attaques des peuples qui voudraient attenter à leurs droits ou entreprendre sur leur indépendance. Depuis l'origine des sociétés, les passions humaines, les intérêts rivaux ont presque toujours armé les nations les unes contre les autres, et la guerre est

l'économie sociale; tandis que j'aurais dû me décider d'après le sens qu'on donne ordinairement à cette dernière expression. Je n'aurais pas alors hésité à désigner, comme je le fais ici, sous le nom d'Économie sociale proprement dite, la science formée par la réunion de la statistique et de la chrématologie, et sous celui de Cœnolbologie la science qui comprend la cœnolbologie comparée et la cœnolbogénie.

devenue un art. L'ordre naturel nous conduit à parler ici des sciences qui se rapportent à ce second moyen de conservation.

a. Énumération et définitions.

1. *Hoplographie.* Qu'est-ce que l'art militaire offre immédiatement à l'étude et à l'observation? Ce sont les moyens d'attaque et de défense, les armes de toute espèce, non seulement celles qu'emploient aujourd'hui les différens peuples, mais aussi celles dont ils ont fait usage à toutes les époques de l'histoire; les machines de guerre, les retranchemens, les fortifications et tous les bâtimens destinés à la guerre navale, depuis le vaisseau de ligne jusqu'à la pirogue dont se sert le sauvage pour attaquer la peuplade voisine. La simple description de tous ces moyens constitue une science du troisième ordre que j'appellerai *Hoplographie,* du grec ὅπλον, arme.

2. *Tactique.* Pendant long-temps les hommes ont combattu sans ordre; et c'est encore ainsi que se battent les peuples qui ne sont pas ou qui ne sont qu'à demi civilisés. En disposant les guerriers dans l'ordre le plus convenable, en les faisant agir de concert, en mettant autant de régularité que de précision dans leurs mouvemens, même les plus rapides, etc., on a fait d'une armée comme un *individu unique,* dont la force n'a rien à redouter d'une multitude

confuse de combattans, quelque nombreuse qu'elle soit. La science qui a pour objet de déterminer le meilleur arrangement à donner aux troupes, les évolutions et tous les mouvemens auxquels on doit les exercer, le choix des armes offensives et défensives, qui conviennent aux divers corps d'une armée, a reçu le nom de *Tactique*, que je lui conserverai et qui ne diffère que par la terminaison, du mot grec τακτικὴ, art d'instruire une armée et de la ranger en bataille.

3. *Stratégie.* Après que l'hoplographie a procuré tous les moyens matériels d'attaque et de défense, que la tactique a formé des guerriers qui sussent en faire usage, on possède une armée pourvue de tout ce qui lui est nécessaire pour entrer en campagne. Il faut maintenant un général qui sache la conduire à la victoire, qui, en comparant les forces dont il peut disposer, celles de l'ennemi, et en étudiant toutes les particularités du terrain, puisse juger des marches qu'il doit faire, de la division de ses troupes en plusieurs corps, ou de leur réunion sur un point et à une époque déterminée, des lieux qu'il convient de fortifier, de ceux qu'il doit attaquer ou défendre, tel est l'objet de la science du grand général, à laquelle on a donné le nom de *Stratégie*, que je n'ai aucun motif de changer. Il est immédiatement dérivé du mot grec στρατηγία, qui signifiait principalement : art de commander, de conduire une armée.

4. *Nicologie.* Enfin il est une quatrième science du troisième ordre relative à l'art de la guerre, et qui devrait faire le sujet d'un traité spécial, dont l'étude serait peut-être ce qu'il y aurait de plus utile pour un homme de guerre. Il faudrait rechercher relativement aux principales batailles dont l'histoire fait mention, quelles sont les *causes,* soit physiques, soit morales, qui ont décidé le succès des vainqueurs. Il y aurait sur ce sujet beaucoup de vérités à recueillir ; et l'ensemble de ces vérités constituerait une science que l'on pourrait appeler *Nicologie,* c'est-à-dire, *science de la victoire,* du grec νίκη, *victoire.*

b. Classification.

Les quatre sciences définies dans ce paragraphe embrassent toutes les vérités relatives aux moyens de défense et d'attaque employés par les nations contre leurs ennemis ; nous les réunirons par conséquent en une science du premier ordre : L'ART MILITAIRE. Cette science se divisera naturellement en deux sciences du second, la première comprenant l'hoplographie et la tactique, et préparant tout ce qui doit précéder l'entrée en campagne des armées. J'ai cru devoir faire pour cette science du second ordre le nom d'HOPLISMATIQUE, du mot grec ὅπλισμα, armement, appareil guerrier. La seconde, formée par la réunion de la stratégie et de la nicologie, est l'ART MILITAIRE PROPREMENT DIT.

Cette classification est indiquée dans le tableau suivant :

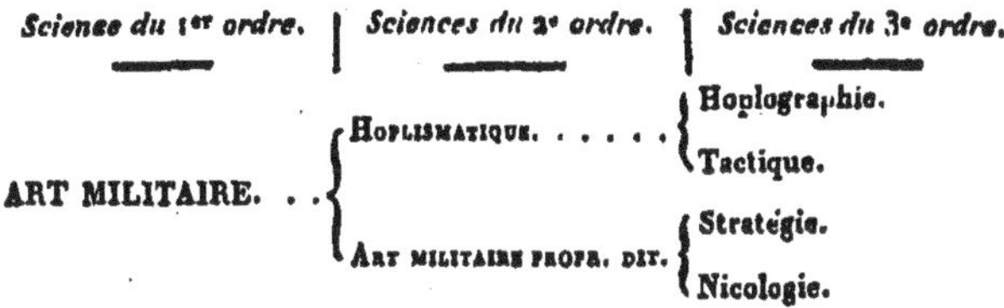

Science du 1er ordre.	*Sciences du 2e ordre.*	*Sciences du 3e ordre.*
ART MILITAIRE. . .	HOPLISMATIQUE.	Hoplographie.
		Tactique.
	ART MILITAIRE PROPR. DIT.	Stratégie.
		Nicologie.

OBSERVATIONS. Il est aisé de reconnaître le point de vue autoptique dans l'hoplographie ; mais le caractère cryptoristique ne se montre pas d'abord aussi manifestement dans la tactique. Cependant, il s'agit encore ici de problèmes à résoudre, d'inconnues à chercher. Quelle est la disposition la plus avantageuse à donner aux guerriers, les mouvemens dont il est le plus utile qu'ils contractent l'habitude ; quels sont les moyens de leur faire exécuter des mouvemens avec autant de régularité que de précision, etc. ? Telles sont les questions dont la tactique cherche la solution, précisément comme la traumatologie cherchait les procédés les plus sûrs et les moins douloureux pour faire les opérations chirurgicales ; comme la toporistique et la chronologie ont pour objet de déterminer la *vraie position* d'un lieu, ou la *véritable époque* d'un événement, etc. La tactique présente un nouvel exemple de ce caractère d'art, que le point de vue toporistique prend dans un assez grand nombre de cas que le lecteur a pu remarquer. Quant au point de vue troponomique, on ne peut le méconnaître dans la stratégie, tout occupée de comparer les forces militaires respectives des nations belligérantes, les positions qu'elles occupent ou doivent occuper, les effets nuisibles ou avantageux qui peuvent résulter de leurs divers mouvemens,

etc. Enfin la nicologie, où il est question de rechercher les *causes* qui ont déterminé l'issue des batailles que nous racontent les historiens, présente tous les caractères du point de vue cryptologique.

§ III.

Sciences du troisième ordre relatives aux lois civiles et politiques qui régissent les sociétés humaines.

Après que l'économie sociale a étudié les moyens par lesquels les nations subsistent et prospèrent, que l'art militaire leur a procuré ceux qu'elles réclament pour leur défense, il reste à faire régner la paix et le bon ordre par des lois qui règlent le rapport des citoyens soit entre eux, soit avec les gouvernemens. Les codes et les constitutions, établis pour atteindre ce but, sont l'objet spécial des sciences dont nous avons à nous occuper dans ce paragraphe.

a. Énumération et définitions.

1. *Nomographie.* La première étude à faire des lois civiles et politiques de tous les peuples, c'est celle du texte même de ces lois, à quelque époque qu'elles appartiennent. Je donne à la science qui résulte de cette étude, le nom de *Nomographie.* Elle peut se partager de plusieurs manières, en subdivisions du

quatrième ou du cinquième ordre, suivant qu'on s'occupe des lois d'un peuple, soit de celles qui le régissent actuellement, soit de toutes celles auxquelles il a obéi successivement, ou suivant que l'on se borne à l'étude des lois relatives à un objet déterminé. C'est sous ce dernier rapport qu'on a fait les distinctions des divers Codes: civil, pénal, rural, administratif, etc., et une classe à part des lois politiques ou constitutions, qui règlent les droits réciproques des peuples et de leurs gouvernemens. Mais, pour restreindre la nomographie dans les limites que je crois convenable de lui donner, je dois remarquer qu'étant une science de faits, différens chez les différens peuples, elle ne comprend ni le droit naturel qui appartient à la science dont je parlerai tout à l'heure sous le nom de *théorie des lois*, ni le droit des gens qui règle les rapports des nations entre elles, et qui, par conséquent, doit faire partie des sciences dont il sera question dans le paragraphe suivant.

2. *Jurisprudence*. Mais quelque claires et précises que soient les lois, il est impossible qu'elles trouvent une application également facile, à tous les cas particuliers qui peuvent se présenter, et qu'elles les aient tous prévus. De là, la nécessité de chercher ce qui est caché sous le texte des lois, soit dans leur esprit, soit dans les motifs d'après lesquels elles ont été établies. C'est cette recherche que l'avocat fait autant qu'il le peut dans le sens favorable à sa cause et que

le juge est chargé de faire avec impartialité. Tout commentaire sur les lois, tout recueil d'arrêts où l'on voit comment, dans chaque cas particulier, les lois qui s'y rapportaient ont été interprétées par les tribunaux, appartiennent à une science que je nommerai, comme tout le monde, *Jurisprudence.*

3. *Législation comparée.* Dans les deux sciences précédentes, on étudie et on interprète les lois telles qu'elles existent ou ont existé; il n'y est pas question de les examiner sous le rapport de leurs avantages ou de leurs inconvéniens. Il s'agit maintenant d'un autre objet d'étude. Quelles sont les meilleures lois à établir, ou quelles modifications convient-il de faire aux lois actuelles, eu égard à toutes les circonstances où se trouve un peuple, à ses mœurs, au degré de civilisation auquel il est parvenu, aux habitudes qu'il a acquises sous l'empire des lois qui l'ont régi jusqu'à ce moment, etc.? Deux voies s'ouvrent pour parvenir à la solution de cette grande question; chacune d'elles a été suivie exclusivement par l'une des deux écoles rivales qui s'en sont occupées et dont les travaux, qui me paraissent également importans, doivent servir de base aux deux sciences du troisième ordre dont il nous reste à traiter dans ce paragraphe. La première de ces deux voies, celle dont il est ici question, a pour objet de se guider dans le choix des meilleures lois, par la comparaison de tous les systèmes de législation connus et des effets qui en

sont résultés soit en bien, soit en mal, sur l'état social des divers peuples. C'est à cette science que j'ai donné le nom de *Législation comparée*.

4. *Théorie des lois*. L'autre voie pour parvenir à la détermination des meilleures lois consiste à les déduire, autant qu'il est possible, des principes éternels du juste et de l'injuste. Mais, comme celles qui existent n'y sont pas malheureusement toujours conformes, il faut en même temps rechercher les *causes* qui ont fait établir les bonnes et les mauvaises lois, quelles circonstances particulières ont déterminé l'adoption des différens codes qui, par l'influence de ces circonstances, présentent tant de diversité suivant les lieux et les temps; enfin, considérant les lois elles-mêmes comme des *causes*, il faut voir comment on peut ramener à des règles générales l'influence qu'elles doivent exercer, et prévoir les effets d'une loi nouvelle. Tels sont les divers objets dont s'occupe la *Théorie des lois*.

b. Classification.

Toutes les vérités qui concernent les lois, toutes les recherches dont elles peuvent être l'objet, trouvent leur place dans l'ensemble des sciences du troisième ordre que nous venons d'énumérer. La réunion de ces quatre sciences en forme une du premier ordre que j'appellerai NOMOLOGIE. La nomologie se divisera en deux sciences du second ordre. Je donnerai à la première, qui comprend la nomographie et la jurisprudence, le nom de **nomologie proprement dite**, parce qu'elle consiste dans la connaissance plus ou moins approfondie des lois qui existent ou ont existé; et celui de **législation** à la seconde, qui se compose de la législation comparée et de la théorie des lois, et qui ayant en général pour objet le choix des meilleures lois à établir, est proprement la science du législateur.

Voici le tableau des divisions et subdivisions de la nomologie :

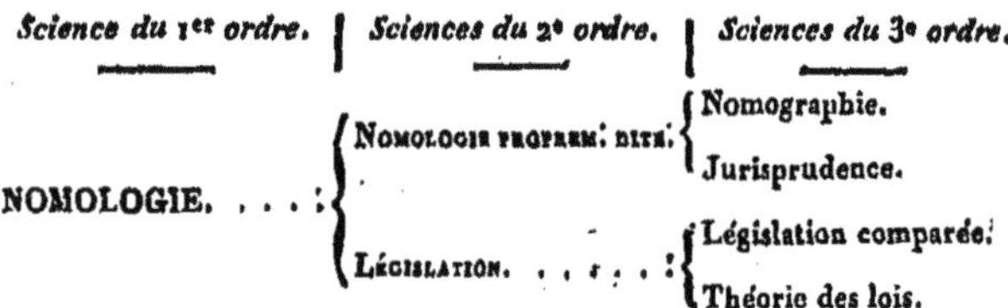

Science du 1er ordre.	*Sciences du 2e ordre.*	*Sciences du 3e ordre.*
NOMOLOGIE. . . .	Nomologie proprem. dite.	Nomographie.
		Jurisprudence.
	Législation.	Législation comparée.
		Théorie des lois.

Observations. Dans la gradation qu'on peut remarquer entre ces quatre sciences du troisième ordre, et dans les rapports de chacune d'elles avec l'objet spécial de la nomologie, on reconnaîtra facilement une application nouvelle des quatre points de vue autoptique, cryptoristique, troponomique et cryptologique. En effet, la nomographie étudie ce qui est patent dans le texte des lois, et la jurisprudence, ce qui y est en quelque sorte caché et qu'il faut découvrir par l'interprétation de ce texte et sa juste application aux divers cas qui peuvent se présenter; la législation comparée rapproche et compare les divers systèmes de lois, et part des résultats de cette comparaison pour discerner les

lois qui conviennent le mieux à chaque peuple; enfin, la théorie des lois remonte à leur origine, aux causes qui les ont fait établir, et choisit celles qu'on doit préférer, en prévoyant les effets qui en résulteront.

§ IV.

Sciences du troisième ordre relatives aux moyens par lesquels les gouvernemens veillent à la sûreté extérieure des états et font régner dans leur sein l'ordre et la paix.

Pour la conservation d'un état, il ne suffit pas qu'il possède des élémens de prospérité intérieure, des forces au moyen desquelles il puisse repousser les attaques du dehors, des lois qui règlent les rapports des citoyens entre eux et avec le gouvernement; il faut encore établir, entre cet état et les autres nations, les traités nécessaires au plus grand développement de son industrie et au maintien de la paix, assurer son indépendance, garantir sa dignité, faire exécuter les lois, prévenir autant que possible les désordres et les crimes, et tendre à l'amélioration, sous tous les rapports, de l'état social.

a. Énumération et définitions.

1. *Ethnodicée.* Les rapports de nation à nation

n'ont d'abord été réglés que par des usages qui s'étaient établis comme d'eux-mêmes ; mais, avec les progrès de la civilisation, sont venus des traités formels basés sur les intérêts réciproques des peuples qui les ont conclus. De ces usages, de ces traités et de la loi suprême du juste et de l'injuste qui existe de peuple à peuple, comme d'individu à individu, se compose le droit public des nations, qui est l'objet de la science du troisième ordre que je nomme *Ethnodicée*, d'ἔθνος, *nation*, et δίκη, le *droit*.

2. *Diplomatie*. Mais ces usages et les traités ont, comme les lois, et peut-être plus encore, besoin d'être interprétés ; car ils s'occupent d'intérêts qui excitent en général des passions plus violentes, conduisent trop souvent à l'emploi de la force et appellent ainsi sur les nations rivales tous les fléaux de la guerre. Cette interprétation suppose la *connaissance* de toutes les circonstances qui ont donné naissance aux usages, aux traités, de l'esprit qui a présidé à leur formation, des intérêts qu'ils ont ménagés ou compromis, etc. Tel est l'objet de la science qui a reçu depuis long-temps le nom de *Diplomatie*.

3. *Cybernétique*. Les relations de peuple à peuple, étudiées dans les deux sciences précédentes, ne sont que la moindre partie des objets sur lesquels doit veiller un bon gouvernement ; le maintien de l'ordre public, l'exécution des lois, la juste répartition des impôts, le choix des hommes qu'il doit em-

ployer, et tout ce qui peut contribuer à l'amélioration de l'état social, réclament à chaque instant son attention. Sans cesse il a à choisir entre diverses mesures celle qui est la plus propre à atteindre le but; et ce n'est que par l'étude approfondie et comparée des divers élémens que lui fournit, pour ce choix, la connaissance de tout ce qui est relatif à la nation qu'il régit, à son caractère, ses mœurs, ses opinions, son histoire, sa religion, ses moyens d'existence et de prospérité, son organisation et ses lois, qu'il peut se faire des règles générales de conduite, qui le guident dans chaque cas particulier. Ce n'est donc qu'après toutes les sciences qui s'occupent de ces divers objets qu'on doit placer celle dont il est ici question et que je nomme *Cybernétique*, du mot κυβερνετική, qui, pris d'abord, dans une acception restreinte, pour l'art de gouverner un vaisseau, reçut de l'usage, chez les Grecs même, la signification, tout autrement étendue, de l'*art de gouverner en général*.

4. *Théorie du pouvoir*. Enfin il nous reste à rechercher les *causes* qui ont amené l'établissement des divers gouvernemens, qui les conservent ou les ébranlent, qui produisent ou préviennent ces grandes crises qu'on appelle des révolutions, à remonter jusqu'à l'origine du pouvoir et à examiner les différens systèmes relatifs au principe même sur lequel il repose, tels que ceux du droit divin, de la souverai-

neté nationale, de la raison ou de la nécessité des choses, d'un contrat explicite ou tacite entre les peuples et ceux qui sont appelés à les gouverner. De là une dernière science du troisième ordre qui a pour but de résoudre ces grandes questions et que je désignerai sous le nom de *Théorie du pouvoir*.

b. Classification.

Les quatre sciences que nous venons d'énumérer et de définir, comprennent toutes les vérités relatives aux moyens par lesquels les gouvernemens conservent les sociétés, en assurent la paix au dedans et l'indépendance nationale au dehors ; leur réunion constitue une science du premier ordre : LA POLITIQUE. Celle-ci se divise en deux sciences du second ordre. J'ai donné à la première, qui se compose de l'ethnodicée et de la diplomatie, le nom de SYNCIMÉNIQUE, tirée de συγκείμενα, traité, convention, ainsi que je l'ai expliqué pages xliv et xlv ; et à la seconde, formée par la réunion de la cybernétique et de la théorie du pouvoir, celui de POLITIQUE PROPREMENT DITE, comme on le voit dans le tableau suivant :

Science du 1er ordre.	*Sciences du 2e ordre.*	*Sciences du 3e ordre.*
POLITIQUE.	SYNCIMÉNIQUE.	Ethnodicée.
		Diplomatie.
	POLITIQUE PROPREM. DITE.	Cybernétique.
		Théorie du pouvoir.

Observations. Il est aisé de voir dans l'ethnodicée la partie de la politique donnée immédiatement par la simple lecture des traités et des conventions, c'est-à-dire le point de vue autoptique de l'objet spécial de la politique; dans la *diplomatie*, la recherche d'une inconnue : le véritable sens des traités et les moyens les plus propres à résoudre les difficultés qui peuvent survenir entre les peuples. Ce sont bien là les caractères du point de vue cryptoristique. On reconnaît avec la même facilité ceux du point de vue troponomique dans la cybernétique, qui est, à l'égard du gouvernement des nations, ce qu'est la stratégie relativement à la conduite d'une armée. Enfin, c'est dans la théorie du pouvoir, qui s'occupe de *causes* et d'*origine*, que se trouve le point de vue cryptologique de l'objet spécial de la politique.

§ V.

Définitions et classification des sciences du premier ordre relatives aux moyens par lesquels les nations pourvoient à leurs besoins, à leur défense et à tout ce qui peut contribuer à leur conservation et à leur prospérité.

Conformément au plan que je me suis tracé, je vais maintenant reprendre les quatre sciences du premier ordre relatives à la conservation et à la prospérité des sociétés. Ces sciences terminent la série des connaissances humaines. Il ne me reste donc plus, pour remplir la tâche que je me suis imposée, qu'à en former un embranchement et à montrer quelles sont les limites qui les séparent, ainsi que les raisons qui m'ont fait adopter l'ordre dans lequel je les ai présentées.

a. Énumération et définitions.

1. *Economie sociale.* De même que c'est par l'ethnologie que j'ai dû commencer l'embranchement des *sciences ethnologiques*, c'est l'économie sociale qui doit être placée la première parmi les sciences comprises dans le présent paragraphe. S'il ne peut y avoir ni archéologie, ni histoire, ni hiérologie, avant qu'il n'y ait des nations, il faut bien aussi qu'un peuple ait les moyens de subvenir à ses besoins pour qu'il puisse lever des armées, obéir à des lois et se donner un gouvernement.

On a souvent restreint l'économie sociale à ce que j'ai appelé l'économie sociale proprement dite, c'est-à-dire à l'étude de ce qui existe, sans s'occuper de cette autre partie de la science où l'on examine comment les divers modes de distribution des richesses et tant d'autres circonstances influent sur le bonheur des individus, la puissance et la prospérité des nations. C'est évidemment oublier le but final de l'économie sociale ; c'est comme si, dans les sciences industrielles, on se bornait à la partie élémentaire de ces sciences, c'est-à-dire à la connaissance des procédés usités et des profits qui en résultent, sans rechercher quels sont les meilleurs procédés et les raisons pour lesquels ils doivent être préférés. Ce but a été étrangement méconnu par une école trop célèbre qui s'est efforcée de substituer aux pensées généreuses généralement admises avant elle, des vues contraires à toute amélioration dans l'état social. Mais, déjà une nouvelle école revient à des idées plus saines, et ses travaux conduisent à faire concourir toutes les parties de l'économie sociale vers la solution de cette grande question : *faire vivre sur un terrain donné le plus grand nombre d'hommes, avec la plus grande somme de bonheur possible.*

2. *Art militaire.* L'économie sociale ne s'occupe que des moyens de prospérité intérieure; mais la conservation et l'état florissant d'une nation ne dépendent pas seulement de ces moyens, qui lui suffiraient, si elle n'avait à redouter aucune attaque du dehors. Elle a, en outre, besoin de pouvoir repousser ses ennemis et de faire respecter son indépendance. De là, l'art militaire que l'on peut regarder comme une sorte de complément de l'économie sociale, puisqu'il est, ainsi qu'elle, un moyen de conservation et de puissance. La place que je lui assigne ici parmi les sciences politiques, ne peut donc présenter aucune difficulté. D'ailleurs, l'art militaire ne doit venir qu'après les sciences dont il emprunte des secours; or, ce n'est pas seulement *à la géométrie,* qui lui fournit des plans de fortification, *à la mécanique,* qui lui apprend à juger des effets des

projectiles, *à la technologie*, qui lui procure les vaisseaux et les instrumens de guerre de tout genre, qu'il doit avoir recours, c'est encore à la connaissance du cœur humain et des moyens d'agir sur l'esprit des guerriers, à la géographie, tant physique qu'ethnologique, qui lui fait connaître, d'une part, tous les accidens du terrain qui doit être le théâtre de la guerre, de l'autre, les points qu'il convient d'attaquer ou de défendre, les dispositions des habitans, etc., à l'histoire enfin, où il trouve tant de renseignemens sur les circonstances qui peuvent déterminer la perte ou le gain d'une bataille.

Quant aux limites qui le séparent des autres sciences, elles sont tellement tranchées par la nature même de l'objet spécial dont il s'occupe, qu'il me paraît inutile d'entrer dans aucun détail à cet égard.

3. *Nomologie.* L'économie sociale et l'art militaire n'embrassent, pour ainsi dire, que les élémens matériels de l'existence, de la prospérité et de la puissance des nations. Celles-ci ont d'autres besoins qu'on pourrait appeler moraux et auxquels les lois d'abord, et subsidiairement les gouvernemens chargés de les faire exécuter, ont pour objet de satisfaire (1).

(1) Je crois devoir appeler l'attention du lecteur sur une correspondance remarquable entre la manière dont nous avons divisé les sciences ethnologiques en deux sous-embranchemens,

Cette considération place la nomologie immédiatement après les deux sciences dont nous venons de parler. De toutes les branches des connaissances humaines dont il a été question jusqu'à présent, c'est avec l'hiérologie qu'elle paraît au premier coup d'œil avoir le plus d'analogie; et c'est ce qui m'avait porté dans un premier essai de ma classification publié en 1832 dans la *Revue encyclopédique*, à rapprocher ces deux sciences sous le nom de sciences institutionnelles; mais de nouvelles réflexions me montrèrent bientôt que cette analogie était plus apparente que réelle; que non seulement ces deux sciences ne devaient pas être aussi intimement rapprochées, mais que l'hiérologie appartenait, ainsi que nous l'avons vu, à l'embranchement des sciences ethnologiques, tandis que les lois faisant partie des moyens par les-

comprenant, l'un, l'ethnologie et l'archéologie, l'autre, l'histoire et l'hiérologie, et la division semblable en deux sous-embranchemens, des sciences dont nous nous occupons ici, qui résultera de ce que nous disons dans ce paragraphe. En effet nous avons vu, déjà, que l'ethnologie et l'archéologie s'occupaient du matériel des nations, tandis que l'histoire et l'hiérologie en étudiaient la partie morale; et nous trouvons de même dans les sciences du premier ordre relatives aux moyens par lesquels les nations pourvoient à leurs besoins, à tout ce qui peut contribuer à leur conservation et à leur prospérité, que l'économie sociale et l'art militaire ont pour objet ceux de ces moyens qu'on peut appeler matériels, tandis que la nomologie et la politique se proposent de subvenir aux besoins moraux de ces mêmes nations.

quels les nations pourvoient à leurs besoins, à leur défense et à tout ce qui peut contribuer à leur conservation et à leur prospérité, il fallait ranger la nomologie dans l'embranchement dont nous nous occupons actuellement. Comme il s'agit ici d'un rapport existant entre deux sciences d'embranchement différent, c'est au chapitre V qu'il convient de renvoyer l'examen de cette question.

4. *Politique.* Vient enfin la politique, qui a le double objet : 1° de régler de la manière la plus avantageuse les relations de chaque nation avec les autres, et de juger dans quelles circonstances cette nation peut se trouver forcée d'avoir recours aux armes pour défendre ses droits ; 2° de concourir au développement de tous les genres d'industrie et de tout ce qui peut contribuer à la félicité publique, de faire respecter les lois et régner l'ordre dans toutes les branches de l'administration, par le choix des hommes les plus propres à bien remplir les fonctions qui leur sont confiées. Cette science est dans le règne noologique, par rapport aux trois précédentes, ce que la médecine pratique est dans le règne cosmologique, relativement aux autres sciences médicales. C'est elle qui règle l'emploi des moyens que lui fournissent les premières, comme la médecine pratique celui des moyens qui appartiennent aux dernières.

b. Classification.

La réunion de ces quatre sciences du premier ordre, toutes relatives à un objet commun, mais considéré sous des points de vue différens, constitue un embranchement auquel je donne le nom de SCIENCES POLITIQUES. Cet embranchement est composé de deux sous-embranchemens : le premier comprend l'économie sociale et l'art militaire ; c'est celui des SCIENCES PHYSICO-SOCIALES, que j'appelle ainsi parce qu'elles s'occupent des moyens *physiques* de conserver et de faire fleurir les sociétés. Le second sous-embranchement est formé de la nomologie et de la politique. L'analogie me portait à réunir ces deux sciences sous le nom de sciences politiques proprement dites ; mais j'ai craint qu'en adoptant les dénominations d'embranchement des sciences politiques, de sous-embranchement des sciences politiques proprement dites, de politique, et de politique proprement dite, il n'en résultât quelque confusion ; c'est pourquoi j'ai préféré, pour les deux sciences du premier ordre dont se compose ce dernier sous-embranchement, la dénomination de SCIENCES ETHNÉGÉTIQUES (1), formée de ἔθνος, nation, et de ἥγημα, conduite, gouvernement.

(1) Ces deux sous-embranchemens ne sont pas composés des mêmes sciences du premier ordre que dans mon ancien tableau. Le premier l'était de la nomologie et de l'art militaire, que je

Voici le tableau de cette classification :

Embranchement.	*Sous-embranchemens.*	*Sciences du 1er ordre.*
C SCIENCES POLITIQUES.	SCIENCES PHYSICO-SOCIALES.	Economie sociale.
		Art militaire.
	SCIENCES ETHNÉGÉTIQUES.	Nomologie.
		Politique.

OBSERVATIONS. Nous avons déjà vu que la considération des

réunissais sous le nom de sciences ethnorytiques, de ἔθνος, *nation*, et de ῥυτήρ, *qui veille à la conservation*, entendant par là que les lois et les forces militaires étaient les deux grands moyens de conservation des sociétés ; tandis que je nomme sciences ethnégétiques, l'économie sociale et la politique, malgré le peu d'analogie qui existe entre ces deux sciences. Je ne puis guère m'expliquer pourquoi je les avais ainsi réunies dans un même sous-embranchement, si ce n'est par l'influence que conservait sur mon esprit le rapprochement que j'en avais fait à l'époque où je donnais, conformément à l'usage à peu près général alors, ainsi qu'on l'a vu dans la préface, page XVII, le nom d'économie politique à la première. C'était une analogie qui était plus dans les *noms* que dans la nature des *choses*. Au contraire, en réunissant, comme je le fais ici, l'économie sociale avec l'art militaire, et la nomologie avec la politique, on forme, de ces quatre sciences, des groupes vraiment naturels, ainsi qu'on le voit par ce que je viens de dire. La dénomiuation : *sciences physico-sociales*, se présente alors comme de soi-même pour désigner les deux premières, et il est aisé de comprendre que l'expression *sciences ethnégétiques*, convient aussi bien à la nomologie qu'à la politique, et beaucoup mieux qu'elle ne pouvait s'appliquer à l'économie sociale.

quatre points de vue ne s'appliquait pas seulement à la division des sciences du premier ordre en sciences du troisième, mais encore à celle de chaque embranchement en quatre sciences du premier ordre. Nous en retrouvons ici un exemple frappant. Seulement, il ne faut pas oublier que les caractères de ces points de vue doivent alors être pris dans un sens plus large. Dans ce sens général on ne peut méconnaître le point de vue *autoptique* dans l'économie sociale, dont toutes les *données* sont d'observation immédiate. Quant à l'art militaire, son but est de *découvrir* les armes que l'on doit préférer, la meilleure manière d'organiser les armées, les opérations militaires par lesquelles le général conduit ses soldats à la victoire, et enfin les causes qui ont déterminé l'issue des batailles que nous raconte l'histoire. Ce sont là autant d'inconnues qui caractérisent le point de vue cryptoristique auquel l'art militaire appartient, précisément par les mêmes raisons que lui appartiennent la technologie, l'oryctotechnie, l'agriculture, etc. Les actions par lesquelles un homme cherche à nuire à ses semblables, les désordres et les crimes qui troublent l'ordre public, sont à la vie sociale, ce que sont les maladies à l'égard de la vie animale ; la nomologie étudie d'abord les lois qui ont pour objet de les réprimer, et ensuite choisit entre ces lois, celles qui sont les plus propres à atteindre ce but ; comme la nosologie étudie d'abord les maladies, et puis les meilleurs moyens de les guérir. La nomologie, qui est fondée, d'ailleurs, sur la comparaison des causes perturbatrices du bon ordre, et des moyens de les combattre, présente donc le point de vue troponomique de l'objet général des sciences comprises dans cet embranchement. Enfin, la politique s'occupe spécialement d'étudier les *causes* qui influent sur la prospérité des nations, tant à l'extérieur qu'à l'intérieur, et de prévoir les effets utiles ou nuisibles qui peuvent en résulter, pour se guider dans le choix des mesures à prendre relativement à toutes les parties de l'administration des états ; elle emploie pour cela toutes les données qui lui sont fournies par les trois sciences précédentes. Cette étude des *causes*, cette prévision des effets qui doivent en résulter, constituent évidemment le point de vue cryptologique du même objet général.

CHAPITRE CINQUIÈME.

DÉFINITIONS ET CLASSIFICATION DES DIVERS EMBRANCHEMENS DES SCIENCES NOOLOGIQUES.

Nous venons de parcourir toutes les sciences relatives à la PENSÉE, qui forment la seconde des deux grandes divisions de toutes les connaissances humaines. Nous avons vu quels sont les objets tant spéciaux que généraux de ces sciences, et les rapports respectifs d'après lesquels nous les avons classées en sciences de divers ordres, en sous-embranchemens et en embranchemens. Il nous reste maintenant à examiner ces embranchemens eux-mêmes, à montrer leurs caractères distinctifs et à les réunir en sous-règnes et en règnes.

Mais avant de nous occuper de ce travail, il se présente une question sur laquelle je crois devoir revenir, quoique la plupart des motifs qui tendent à la décider se trouvent indiqués dans cet ouvrage et particulièrement dans l'introduction. L'ordre naturel des connaissances humaines exige-t-il, comme e l'ai admis, que les sciences noologiques ne viennent qu'après les sciences cosmologiques, ou devaient-elles être placées avant ces dernières, ainsi qu'il a été fait dans quelques unes des classifications proposées par divers auteurs ? Il est évident qu'il ne peut rester de doute à cet égard, lorsqu'on consulte l'ordre naturel des *objets* mêmes de nos connaissances : puisque l'existence de l'homme suppose celle du monde matériel, du globe qu'il habite, des végétaux et des animaux dont il tire sa nourriture et tous les secours que ses besoins réclament le plus impérieusement. Bien d'autres considérations viennent à l'appui de cet arrangement. Il paraît que ceux qui l'ont rejeté ont surtout été portés à le faire, parce qu'ils pensaient qu'il fallait d'abord s'occuper des sciences qu'ils jugeaient les plus importantes, tandis qu'on doit au contraire commencer par celles qui sont un préliminaire nécessaire pour s'élever plus haut, et terminer chaque grande division de la série par les sciences qui profitent de toutes les connaissances précédentes pour résoudre les questions d'un plus haut intérêt, soit relativement aux besoins de l'homme et à sa conservation, soit à la morale, à l'éducation, à la religion et au gouvernement des états. On a dit que Dieu étant la première cause de tout ce qui existe, les sciences religieuses devaient être placées les premières. Mais l'homme peut-il connaître Dieu, avant de connaître le monde et sa propre pensée, qui se manifestent d'abord à lui par la sensibilité, l'activité et la conscience? N'est-ce pas l'ordre admirable de l'univers qui lui révèle l'intelligence et la puissance infinies? Deux routes le mènent à Dieu; d'abord, cet ordre même, où tout est prévu, et que n'ont pu prévoir les êtres qui lui doivent leur propre conservation; la nécessité d'une cause à tout ce qui existe, et d'une cause intelligente à l'existence d'un monde où l'intelligence est partout manifeste. Mais cette route ne pouvait conduire l'homme qu'à une connaissance bien imparfaite des attributs de son Créateur, des devoirs qu'il exigeait de lui, et de la fin pour laquelle il l'avait créé. Il a donc fallu que Dieu suppléât à la faiblesse de l'esprit humain, en lui ouvrant, par la révélation, une seconde route qui le conduisît à lui. De là, deux objets d'étude tout-à-fait indépendans l'un de l'autre et qu'il me paraît impossible de rapprocher dans l'ordre naturel des sciences. La théologie naturelle et la théodicée font évidemment partie des sciences philosophiques proprement dites. Que serait un cours ou un traité de philosophie où il ne serait pas question de Dieu? C'est, d'ailleurs, à ces sciences que les recherches relatives à ce grand objet ont été rapportées. La révélation, au contraire, comme l'étude de toutes les religions qui l'ont méconnue, n'appartient-elle pas aux sciences historiques? Toutes les preuves, sur lesquelles elle s'appuie, ne sont-elles pas du domaine de l'histoire? Ne se trouvent-elles pas uniquement dans celle du peuple que Dieu s'était choisi, avant qu'il vînt parmi les hommes les enseigner lui-même, et dans l'histoire de l'Église depuis la naissance du Christianisme? Dès lors, sous tous les points de vue, l'hiérologie et la controverse qui y est comprise, ne peuvent venir qu'à la suite des autres sciences ethnologiques, lesquelles doivent elles-mêmes être nécessairement précédées des sciences noologiques proprement dites. A toutes les raisons que j'ai déjà apportées pour que celles-ci soient placées après les sciences cosmologiques, ne faut-il pas encore ajouter les motifs suivans :

1° Que les questions agitées par les métaphysiciens ne peuvent être traitées convenablement par ceux qui ignorent ces dernières sciences. N'est-il pas surprenant que dans le dix-neuvième siècle, les écrits de philosophes justement célèbres contiennent des assertions et des raisonnemens d'après lesquels il est évident qu'ils n'ont pas la moindre idée de la physique moderne; telles sont, par exemple, les objections que l'on trouve dans des ouvrages qu'étudient les aspirans au baccalauréat pour répondre à l'examen de philosophie. Une de ces objections consiste en ce que des substances quelconques ne peuvent agir qu'autant qu'elles sont en contact; tandis que, depuis Newton, les mathématiciens et les astronomes admettent généralement que les corps célestes s'attirent à distance, sans aucune sorte de contact entre eux. Tandis que tous ceux qui sont au courant de l'état actuel des sciences physiques savent que l'action mutuelle des molécules des corps, même de celles du fluide répandu dans tout l'espace, auquel on donne le nom d'éther, a lieu à travers des intervalles vides, à la vérité extrêmement petits, qui les séparent; et comme il serait impossible de supposer que, quand deux billes se frappent, les molécules placées à la surface de l'une puissent être plus près de celles qui leur correspondent sur la surface de l'autre, que ne le sont entre elles deux molécules voisines d'une même bille, il est évident que l'action du choc se fait sans contact, en vertu des mêmes forces répulsives qui tiennent écartées les unes des autres les molécules d'un même corps. Nous avons déjà vu, à l'article de l'ontologie, comment l'expérience jointe au calcul a démontré l'existence des espaces vides dont il est ici question, d'où résulte nécessairement l'impossibilité d'un véritable contact, soit entre les molécules d'un corps, soit entre deux corps qui nous paraissent se toucher, parce qu'ils ne sont séparés que par une distance inappréciable à nos sens.

L'action immédiate et réciproque entre la substance matérielle et la substance immatérielle, soit pour que la première communique à la seconde des sensations, soit pour que *celle-ci* meuve la première, est là base de toute métaphysique d'accord avec l'état actuel des sciences. C'est sur cette action que l'on doit établir l'existence et la distinction de ces deux sortes de substances, de même que c'est par elle que les hommes ont d'abord connu des substances immatérielles, comme *cause motrice* des mouvemens volontaires, ainsi que je l'ai dit dans la note placée à la fin de la préface de cet ouvrage.

Quel sens une autre objection tirée de la supposition que deux substances de nature absolument différente ne sauraient agir l'une sur l'autre, peut-elle avoir aux yeux d'un chimiste, qui sait au contraire que l'action entre les molécules des divers corps est d'autant plus énergique que ces molécules sont de nature plus différente?

Enfin, qui pourrait croire que, dans un traité de philosophie imprimé il y a quelques années, on trouve (à l'appui de l'opinion, que défend l'auteur, savoir : que les substances créées ne subsistent que par une *création continuée*, sans laquelle elles retomberaient dans le néant) cette comparaison : *qu'il faut pour qu'elles continuent d'exister que Dieu les recrée à chaque instant, comme les savans qui s'occupent de mécanique admettent, pour qu'un mouvement imprimé se conserve et que le mobile ne retombe pas dans l'état de repos, que la force qui a imprimé le mouvement continue d'agir à chaque instant.*

Comment l'auteur d'une pareille comparaison ignore-t-il que ces savans pensent précisément le contraire, et qu'ils établissent conformément à l'expérience, que le corps, une fois mis en mouvement par la force qui a agi sur lui, continue à se mouvoir indéfiniment, à moins que d'autres forces ne viennent à détruire ce mouvement. Si on peut conclure quelque chose de la comparaison dont il s'agit ici, c'est que la continuation indéfinie du mouvement après que l'action de la force a cessé, étant admise comme un des principes fondamentaux de la mécanique (1), les métaphysiciens doivent à plus forte raison reconnaître qu'une substance une fois créée subsiste indéfiniment, à moins qu'un nouvel acte de la puissance créatrice ne vienne à l'anéantir.

2° Que pour développer les preuves de l'existence de Dieu, tirées de la contemplation de l'univers, il faut bien connaître cet univers, afin de ne pas joindre, à des preuves irréfragables, des raisonnemens fondés sur des erreurs manifestes, comme on en trouve

(1) Ce qu'on appelle *inertie* de la matière, c'est cette propriété, qu'à moins qu'une force n'agisse sur un corps, ce corps persévère dans l'état soit de repos, soit de mouvement où il se trouve, par quelque cause que ce soit, et que, tant qu'aucune force n'agit actuellement sur un point matériel qui a été mis dans l'état de mouvement par des forces qui n'existent plus, le mouvement de ce point est rectiligne, uniforme et se continue indéfiniment; c'est sur cette propriété, qui est de l'essence de la matière, que repose toute la mécanique.

quelquefois dans des ouvrages écrits, soit à des époques où les sciences ne faisaient que de naître, soit par des hommes qui les ignoraient.

Ce que je viens de dire suffit pour démontrer l'impossibilité de diviser les sciences en trois règnes, sous les noms de sciences d'*autorité*, de *raison*, et d'*observation*; de réunir dans le premier, comme le voudraient les auteurs des classifications que je me vois ici obligé de combattre, la partie philosophique et la partie historique des sciences religieuses, pour passer ensuite à l'étude de la *pensée* humaine, et enfin à celle du monde matériel. Un tel arrangement rompt évidemment les rapports naturels des sciences et place ces dernières après celles qui ne peuvent se passer de leur secours. Il suffit, d'ailleurs, de voir les résultats de cet arrangement, tels qu'on les trouve dans le tableau des connaissances humaines joint par le père Ventura à son traité *de methodo philosophandi* publié à Rome en 1828, pour être frappé de toutes les anomalies qui en sont la suite. On y remarque en effet que des sciences relatives aux sociétés, dont j'ai formé le dernier sous-règne de ma classification, et qui sont liées entre elles par des rapports mutuels si nombreux et si intimes : les unes, comme la jurisprudence, l'économie politique et la diplomatie où est placée la géographie politique et à laquelle se trouve joint le commerce, sont rangées parmi les sciences d'*autorité*, tandis que les autres, l'histoire et l'archéologie (à l'exception de l'histoire sacrée et des antiquités judaïques), ainsi que l'art militaire, ne sont pas même nommées dans le tableau du père Ventura (1).

Reprenons maintenant les quatre embranchemens des sciences noologiques, pour les définir, pour tracer avec précision les limites qui les séparent et déterminer l'ordre dans lequel ils doivent être rangés.

a. Énumération et définitions.

1. *Sciences philosophiques.* En me servant de ce nom, je me suis conformé à l'usage, et non à l'étymologie, bien convaincu qu'il ne faut pas y avoir égard dès qu'un mot a passé dans le langage ordinaire.

(1) On voit d'ailleurs, dans ce tableau, des rapprochemens auxquels on ne peut qu'applaudir. Les lettres et les beaux-arts sont réunis avec raison à l'idéologie, la dialectique et la pédagogique, quoique le titre de sciences de *raisonnement* ne leur convienne guère; mais les mots sont ici de peu d'importance. Les mathématiques se trouvent, conformément à ce que j'ai établi lorsque je m'en suis occupé, parmi les sciences d'observation; seulement elles sont rangées d'une manière bien singulière. Ces sciences commencent par la cosmologie, vient ensuite la chimie; et c'est immédiatement après cette dernière science que sont placées les mathématiques; et celles-ci sont suivies de la physique particulière, dont la liaison naturelle avec la chimie se trouve ainsi rompue. A la physique particulière succède l'astronomie, suivie de la médecine et de l'histoire naturelle, dont il est difficile d'apercevoir les rapports avec elle.

L'embranchement des sciences où l'on s'occupe de la *pensée* considérée en elle-même, où l'on étudie la nature, l'origine, le degré de certitude et la réalité de nos connaissances, les différens caractères des hommes, les lois de la morale et le principe de ces lois, se compose de vérités tellement liées entre elles, qu'on a senti le besoin de réunir ces sciences sous une dénomination commune; et, comme la plupart d'entre elles se trouvent comprises dans la *partie* de l'enseignement public, à laquelle on a donné le nom de *cours de philosophie,* on a adopté assez généralement pour ces sciences celui de *sciences philosophiques*. Les limites qui les séparent, tant des sciences précédentes que de celles qui les suivent, sont si bien marquées par la nature même de leur objet, qu'elles ne peuvent offrir presque aucune difficulté. Je dois cependant remarquer ici que l'action réciproque du physique et du moral de l'homme donne lieu, entre les sciences médicales et les sciences philosophiques, à un point de contact, qui me paraît exiger quelques éclaircissemens.

C'est par le but qu'on se propose dans les diverses sortes de recherches qui sont relatives à cette action qu'il faut déterminer le règne où chacune d'elles doit être placée. Ainsi, quand on étudie l'influence du moral de l'homme sur sa santé; les travaux intellectuels, les sentimens, les passions qui peuvent l'altérer sont considérés sous le rapport médical. La science qui en résulte et que j'ai nommée phrénygiétique, doit donc appartenir aux sciences médicales; tandis que, au contraire, c'est au moraliste à s'occuper de l'action du physique sur le moral, en même temps que de toutes les autres causes qui peuvent influer sur nos déterminations; et c'est pourquoi j'ai placé la physiognomonie dans les sciences philosophiques.

Quant au rang de ces sciences dans la classification naturelle des connaissances humaines, il me semble qu'après qu'on a établi que toutes celles qui sont relatives à la *pensée*, ne doivent venir qu'après les sciences cosmologiques, on ne peut se refuser à ranger, immédiatement à la suite de ces dernières, l'embranchement des sciences philosophiques. Ce n'est, en effet, que quand on s'est livré à une étude approfondie de la *pensée*, qu'on peut passer à celle des divers moyens par lesquels elle se manifeste au dehors et se communique d'un individu à un autre. Sans doute, le principal de ces moyens, *le langage*, est nécessaire pour l'étude de la pensée, comme il l'est aussi pour celle des sciences cosmologiques; mais ce n'est pas une raison pour placer les sciences philosophiques après celles que j'ai nommées *nootechniques* et qui ont tant d'emprunts à leur faire. L'analyse du langage suppose celle de la *pensée*, comme les recherches relatives à la littérature, aux beaux-arts, à l'éducation, supposent celle des sentimens, des passions, des divers caractères des hommes, etc.

2. *Sciences nootechniques.* On a pu remarquer dans la première partie de cet ouvrage, que, parmi les objets des sciences du premier et du troisième embranchemens, qui sont étudiés d'une manière générale, on *choisit*, en quelque sorte, ceux qui tiennent de plus près à l'homme pour en faire le sujet des recherches spéciales dont se composent le second et le quatrième embranchemens. Ainsi, dans l'ensemble du monde, objet du premier embranchement, on *choisit*, pour les étudier dans le second d'une manière spéciale, les corps que nous pouvons approcher et soumettre à l'expérience. De même, parmi toutes les propriétés qui distinguent les êtres vivans des corps inorganiques, et dont s'occupe en général le troisième embranchement, on considère à part, pour en faire l'objet du quatrième, ce qui est relatif aux moyens de conserver la vie et la santé de l'homme et des animaux qu'il s'est soumis.

La même chose se retrouve ici. Les actions des hommes sont traitées en général dans l'embranchement des sciences philosophiques, sous le rapport de leurs motifs et de leurs conséquences, de la volonté qui les détermine, etc. Parmi ces actions, l'embranchement suivant : celui des sciences nootechniques, se borne à étudier celles que l'homme fait dans la vue de transmettre à ses semblables, ses idées de tout genre, ses sentimens, ses passions, etc., de modifier leur *pensée* de quelque manière que ce soit. Ce sont toujours les sciences relatives aux moyens d'*agir* qui viennent à la suite de celles où l'on se propose surtout de *connaître*.

Ces réflexions ne peuvent laisser aucun doute sur la place qu'on doit assigner aux sciences nootechniques ; et nous en verrons un dernier exemple lorsqu'il sera question de la division du dernier sous-règne en sciences ethnologiques et politiques. Quant à présent, il me suffira de remarquer que c'est ce caractère d'*action* exercée par l'intelligence et la volonté d'un homme sur d'autres intelligences et d'autres volontés, qui distingue les sciences nootechniques de toutes les autres, et qui place nécessairement parmi elles la *pédagogique*, puisque celle-ci consiste dans l'*action* de l'instituteur sur les facultés intellectuelles et morales de l'élève, et dans le choix des moyens les plus convenables pour que cette action produise les meilleurs résultats possibles.

3. *Sciences ethnologiques*. Le langage est le lien des sociétés ; sans lui, elles ne pourraient ni se former, ni subsister. Les sciences nootechniques doivent donc, dans l'ordre naturel, précéder les sciences ethnologiques.

C'est encore la pensée de l'homme qu'étudient celles-ci ; mais ce n'est plus la *pensée* considérée en elle-même, ou dans les moyens par lesquels elle se manifeste : c'est la *pensée* dans les sociétés humaines *agissant* chacune comme un seul homme, possédant un territoire, y élevant des monumens qui en conservent le souvenir aux races futures, tantôt s'agrandissant, s'éclairant, tantôt exposées à des revers, et quelquefois disparaissant des contrées où elles avaient fleuri, pour faire place à d'autres nations, éprouvant des révolutions politiques, des révolutions religieuses, etc., etc.

L'embranchement que j'ai formé de ces sciences me paraît suffisamment caractérisé par la définition même des objets auxquels se rapportent les sciences dont il se compose. Une seule difficulté pourrait se présenter à l'égard des limites dans lesquelles il doit être circonscrit. Elle est relative à l'hiérologie que j'ai placée dans l'embranchement dont il s'agit ici, et qu'on pourrait croire plus convenable de comprendre dans les sciences politiques. Il en serait en effet ainsi dans le cas où l'on rangerait, parmi ces dernières, toutes les *causes* qui peuvent influer sur l'existence des nations et les vicissitudes qui en ont marqué les diverses époques : mais déjà la philosophie de l'histoire a étudié ces *causes*, en tant qu'elles résultent de l'enchaînement des événemens et sont indépendantes du libre choix des peuples et des gouvernemens. L'influence des religions sur les destinées des sociétés humaines présente aussi ce dernier caractère. Ce sont des *causes*, il est vrai, mais non pas des *moyens* qu'on puisse employer à volonté; et nous avons défini les sciences politiques : *Sciences noologiques relatives aux moyens par lesquels les nations pourvoient à leurs besoins, à leur défense et à tout ce qui peut contribuer à leur conservation et à leur prospérité.* Quelque analogie que présentent au premier coup d'œil l'étude des religions d'une part, et celle des lois civiles et politiques de l'autre, ces considérations établissent, entre les sciences qui s'en occupent, trop de différence pour qu'on doive les rapprocher. Les lois sont faites à volonté par le législateur; et elles ont pour but d'assurer aux citoyens la tranquillité et la libre jouissance de ce qui leur appartient : de là, la nécessité, dans l'intérêt des autres, de forcer à leur obéir ceux qui voudraient les enfreindre. Au contraire, les religions reposent sur des convictions qui ne dépendent d'aucune puissance humaine; le but vers lequel elles tendent, leur véritable objet, c'est de développer dans le cœur de l'homme tous les sentimens qui l'élèvent à son créateur par la reconnaissance et l'adoration, et d'assurer à ceux qui en suivent les préceptes, la félicité qu'elles leur montrent dans une autre vie. C'est volontairement que l'homme religieux conforme sa conduite à tous les devoirs qu'elles prescrivent; dès lors, leur étude doit être placée dans les sciences ethnologiques, quoique celle des lois le soit dans les sciences politiques; et compter l'hiérologie au nombre de ces dernières, ce serait profaner les rapports de l'homme avec Dieu.

4. *Sciences politiques*. Ces sciences sont à l'égard de celles qui les précèdent dans le second règne, ce que les sciences médicales sont par rapport aux autres sciences cosmologiques. Elles ont pour objet de conserver les peuples et d'améliorer leur état social, comme les sciences médicales de conserver la vie des hommes et des animaux domestiques, et de les faire jouir du meilleur état de santé possible.

Ce que nous venons de dire suffit pour prévenir toute difficulté au sujet des limites qui les séparent des autres sciences. Quant à la place que je leur assigne à la suite des sciences ethnologiques, elle est suffisamment justifiée, 1° par cette circonstance qu'elles empruntent des secours à presque toutes les sciences précédentes, soit que l'on considère ceux que toutes les parties de l'économie sociale et de l'art militaire réclament des sciences mathématiques, physiques, naturelles et médicales, soit qu'il s'agisse des secours que la cœnolbologie et l'art militaire proprement dit, reçoivent des connaissances ethnologiques et historiques, soit enfin qu'on fasse attention à tous les emprunts que la nomologie et la politique doivent faire à la connaissance du cœur humain, qui est un des principaux objets des sciences philosophiques, et à l'histoire, ainsi qu'à l'hiérologie; 2° par le même caractère que nous avons déjà remarqué à l'égard des sciences nootechniques : en effet, c'est encore ici l'étude des moyens d'*agir* qui vient après celle des objets sur lesquels l'action doit être exercée. Dans les sciences nootechniques l'homme se proposait de modifier la pensée de ses semblables, étudiée dans l'embranchement précédent pour la *connaître*. Maintenant, il a pour objet d'*agir* sur les nations dont il s'est occupé, dans l'embranchement qui précède, sous le même rapport de *simple connaissance*.

b. Classification.

Ces quatre embranchemens renferment toutes les sciences qui se rapportent à la *pensée humaine* : le second des deux grands objets de toutes les sciences. Nous en formerons en conséquence le second règne des connaissances humaines ; et, ainsi que je l'ai annoncé dans la première partie, page 28, je lui donnerai le nom de règne des SCIENCES NOOLOGIQUES, du grec νόος intelligence, pensée, sentiment, dessein, volonté, dont la signification s'étend à tout ce que, à l'exemple de Descartes et des philosophes qui l'ont suivi, j'ai compris sous le nom de *pensée*. Car, ce n'est pas seulement ce qui appartient à l'entendement, que les Grecs ont exprimé par ce mot : ils s'en sont aussi servi pour désigner les sentimens, les passions, les volontés, etc., ainsi qu'on peut le voir dans la thèse remarquable que M. Hamel, professeur-suppléant de littérature grecque à la

Faculté de Toulouse, a publiée, sur la psychologie d'Homère. Ce règne se partage naturellement en deux sous-règnes. Nous aurons, d'un côté, les SCIENCES NOOLOGIQUES PROPREMENT DITES, qui comprendront les sciences philosophiques et nootechniques, c'est-à-dire, tout ce qui concerne la pensée en elle-même et les moyens dont les hommes se servent pour la manifester, et pour modifier celles de leurs semblables; de l'autre côté, nous aurons les SCIENCES SOCIALES; nom qui convient à la réunion des sciences ethnologiques et politiques, où l'on étudie les sociétés humaines.

Voici le tableau de cette classification :

Règne.	*Sous-règnes.*	*Embranchemens.*
SCIENCES NOOLOGIQUES.	NOOLOGIQUES PROPR. DITES.	Philosophiques.
		Nootechniques.
	SOCIALES.	Ethnologiques.
		Politiques.

OBSERVATIONS. Avec un peu d'attention on reconnaîtra aisément dans cette classification une nouvelle et dernière application des quatre points de vue que j'ai fait remarquer dans toutes les classifications partielles dont la réunion reproduit la classification générale, à laquelle j'étais arrivé en partant de considérations entièrement différentes, soit que ces classifications partielles se rapportassent à la division d'une science du premier ordre en quatre sciences du troisième, soit qu'elles eussent pour objet celle d'un embranchement en quatre sciences du premier ordre, ou enfin la division d'un règne en quatre embranchemens.

Ainsi, on reconnaît le point de vue autoptique de l'objet général des sciences noologiques : *la pensée humaine*, dans les sciences philosophiques, fondées sur l'observation immédiate que chacun peut faire de sa propre pensée. Les sciences nootechniques présentent le caractère cryptoristique, puisque en étudiant, par exemple, le langage, elles nous découvrent ce qui est caché sous les signes qu'il emploie, et que, d'ailleurs, les langues, qu'on a appelées avec raison des méthodes analytiques, décomposent la pensée; et sous ce rapport, l'embranchement des sciences nootechniques doit, dans le règne noologique auquel il appartient, se trouver à la même place que les *sciences cryptoristiques* du troisième ordre (qui présentent pour la plupart le même caractère de décomposition analytique) occupent chacune dans la science du premier ordre dont elles font respectivement partie.

Quant aux sciences ethnologiques, elles étudient principalement les changemens qu'ont éprouvés les diverses sociétés humaines; elles comparent ces changemens et cherchent à en établir les lois. Sous ce rapport, elles offrent tous les caractères du point de vue que j'ai appelé troponomique. Enfin, le caractère du point de vue cryptologique ne peut être méconnu dans les sciences politiques, qui recherchent des *causes*, étudient des effets, prévoient et préparent des résultats, en s'appuyant constamment sur la dépendance mutuelle des causes et des effets.

Seulement, comme il s'agit de la division d'un règne en embranchemens, il faut prendre ces quatre points de vue dans le sens le plus général et le plus large, comme nous l'avons fait, lorsqu'il a été question d'y rapporter les quatre embranchemens dont se compose le règne des sciences cosmologiques.

FIN.

TABLE DES MATIÈRES

CONTENUES DANS CE SECOND ET DERNIER VOLUME.

SECONDE PARTIE.

De l'essai sur la philosophie des sciences.

Sciences noologiques.

NOTA.

Le Tableau général des Sciences Cosmologiques et Noologiques est sur une feuille particulière, jointe à ce second et dernier volume.

FIN DE LA TABLE.

OPTIMO ET CARISSIMO FILIO

CARMEN MNEMONICUM.

PROOEMIUM.

Ut mundum [1] noscas, moles [2] et vita [3] notandæ :
A. Mensura et motus primùm [4], mox corpora [5] et omn[illegible]
B. Virentûm genus [illegible] et vitam quæ cura tuetur [illegible].

Ad mentem [illegible] referas quæ menti [illegible] [illegible] gentibus [illegible] insunt :
C. Nempè animum [illegible] disces, animi quæ [illegible]ficere sensus [illegible]
D. Ars quæ, et populos [illegible] et quâ ratione regendi [illegible].

PROLEGOMENA.

A.

I. Hæc ubi cuncta animo rapiens peragrare lib[illegible],
Jam numeros [1], spatium [2], vires [3] et sidera [4] noris;
II. Corpora [5], fabrorumque artes [6] tractabi[illegible], et orbem [7]
Lustrabis; latebras penitùs rimabere [illegible].

B.

III. Herbarum inquir[illegible] genus [1], ag[illegible] [illegible]que labores [illegible]
Et quàm sint [illegible], et quos homin[illegible] flagantur in usus [4],
IV. Quo[illegible] modo ægrescant vigeat[illegible] [illegible] animalia disces;
[illegible] firmanda salus [illegible], [illegible] [illegible]mpus noscere morbos [7],
N[illegible] [illegible]gis lethum [illegible] [illegible]que arcere dolores [8].

C.

V. Tum mentem [1], res atque Deum [2] meditabere, et inter
Affectus hominum [3] virtus ut libera regnet [4];
VI. Continuò ingenuas artes [5] et verba [illegible] requiras,
Et scripta [7] et quo discipuli sit cura magistro [8].

D.

VII. Gentes indè nota [1], monumenta [2] et facta [3] virorum,
Quos ritus servent sacros, quod numen adorent [4],
VIII. Queis vigeant opibus [5], nec muris [illegible] recuses
Bellantûm [6], populosve regant quæ jura [7], ducesque
Ut bello valeant et paci imponere morem [8].

SYNOPSIS.

A.

1. Si scrutari avaus quidquid cognoscere fas est,
Componas primùm numeros [11], ignota requires [12];
Nunc incrementa [13] et casus [14], nunc discere formas
2. Est opus [15], et formis numerorum imponere signa [16];
Noscere quæ gradiens generet curvamina punctum [17]
Primævo concrescant queis rerum elementa figuris [21];
3. Et motus [21], et cùm pulsum in contraria vires
Corpus agunt, ubi stare queat [illegible], quorsùmve moveri [illegible];
Utque cohærescant, trepident ut corpora prima [illegible];
4. Sidereasque vices [41], tellus quos erret in orbes [42],
Quæque regant vastos leges per inania motus [43];
Impulsûs quæ causa latens, atque insita rerum
Seminibus quæ vis undè astra per ætheris alti
Volvantur spatia et cursus inflectere discunt [44].
5. Præterêà scire in terris ut cuncta genantur,
Ut moveant sensum, formas vertantur in omnes [illegible].
Queis nexis inter se elementis corpora constent [illegible];
Queis tibi notescant signis, legesque requires
Materiæ [illegible], rerum numeros viresque atomorum [illegible].
6. Nec mora scrutandæ quas usus protulit artes.
Vilibus utilia imprimis seponere cura [61],
Tum quæstus [illegible] operumque modos conferre memento
Ut potiora legas [illegible] causasque evolvere tentes [illegible].
7. Tum maria et campos disces, et saxa [71], quibusque
Rupibus [illegible] ac stratis [illegible] tellus conficta sit intùs;
Hæc ut longa dies imis formaverit undis,
Utque efferbuerint olim ignivomi undique montes [illegible];
8. Erust ut cæcis occlusa metalla latebris
Fossor, et ardenti tractet mollita vapore [illegible];
Nec dubias telluris opes rimare priusquàm
Impensas, lucrum [illegible], leges [illegible], causasque laborum
Et terræ ut subeas tutus penetralia noris [illegible].

B.

1. Jam quæ plantarum species ubicumque virescant
Scire velis [illegible]; jam quas celent sub tegmine partes [illegible];
Utque pares paribus rectè socientur [13], ut arbor
Herbaque nascantur, crescant et semina fundant [14];
2. Agricola ut lætas fruges ferre imperet arvis,
Ut quod culta tulit, quod terra inarata creavit
Colligat, et paleâ cererem, bacchum extrahat uvâ [illegible];
[illegible] sui cuique solo fœnus [illegible] cultusque [illegible], et undè
Langueat illa seges, gravidis hæc nutet aristis [illegible];
3. Quas soboli tradant generatim animalia formas [illegible],
Corporis et quæ sit compages intima [illegible], vitæ
Quæ leges [illegible], glisca[illegible]tque artus ut vita per omnes [illegible].
4. Nec tibi turpe puta, jucunda per otia ruris,
Bombyces nutrire et apes, armenta gregesque,
Cogere lac junco, ceris exprimere mella;
Tum captare feras, tùm lino fallere pisces,
Et freno jumenta, jugo submittere tauros [illegible];
Noscere quis pecudum sumptus [illegible], quæ cura bubulco [illegible];
Cur nunc utiliùs viridantia gramina carpant,
Nunc pecora in stabulis meliùs saturentur opimis [illegible].
5. Vitam multa juvant animantûm, multaque lædunt;
Innocua herba potest, possunt expellere morbos
Toxica [illegible]; nunc lædit, nunc sanat corpora ferrum [illegible];
Illa nocent alimenta, hæc prudens sumere malis [illegible],
Sedulus insanos animi componere motus [illegible].
6. Non tamen ars medica est ulli tentanda priusquàm
Noscat ut infundant nobis natura genusque
Tam varios habitus [illegible], penitùs quos scire necesse est [illegible]
Ut quod cuique nocens, quod cuique sit utile noris [illegible];
Interêà disces venienti occurrere morbo [illegible];
7. Assiduè simul ægrotos scrutabere et omnis
Naturam [illegible] sedemque mali [illegible], medicamina [illegible], causas [illegible];
8. Cuique notis detur morbos discernere [illegible], et ægri
Nosse quis [illegible] et quâ sit languor sanabilis arte [illegible],
Quis metus immineat, quæ spes sit mista timori [illegible].

C.

1. Intereà humanam tibi cura ediscere men[illegible],
Præsertim ut falso possit secernere verum [illegible],
Utque nova inveniat, vel ponat in ordine nota [illegible]
Quæras, et quo pacto ab origine cogitet [illegible]
2. Noscere non tantùm valeat, sed resque [illegible] Deumque [illegible].
Multa simul subeunt : leges naturaque rerum [illegible];
Humanâ ratione Deo quæ dantur inesse [illegible];
3. Affectus hominum, studia, oblectamina, curæ [illegible];
Quæ tibi corda notæ, quæ morum arcana recludunt [illegible];
Quod decet et quæ sunt metuenda optandaque [illegible], et undè
Indolis omne genus [illegible]; quæ mentibus insita nostris
4. Libera vis animi [illegible] justo secernit iniquum [illegible],
Quæ recti æternæ leges [illegible], quæ præmia sontes
Insontesque manent [illegible]: stimulos hæc mentibus addunt
Ut nova discendi semper rapiamur amore
5. Suave melos, picturæ, ædes, spirantia signa [illegible],
Necnon undè placent [illegible], artis præcepta modusque [illegible],
Principium et causæ [illegible] pergunt dulcedine mentem
Pellicere ad studium longosque levare labores.
6. Jam verborum usus [illegible] et verbis quæ sit origo [illegible],
Diversos ut apud populos mutentur [illegible], [illegible] undè
Concessa humano generi tam mira facult[illegible]s
Quidquid inest animo ut voces exprimere possint [illegible],
7. Assiduâ evolves curâ. Nunc alma poësis,
Nec minùs arridens interdùm sermo pedestris,
Pectora mulcebunt [illegible], scrutari obscura licebit [illegible],
Scriptaque conferre et scriptis imponere [illegible]eges,
Quæ sunt digna legi indignis secernere [illegible], et arte
Noscere quâ sacrum nomen mereare poëtæ [illegible].
8. Nunc puerum edoceat sapientis cura magistri [illegible],
Discipuli ingenium tentet [illegible], fingatque [illegible]
Ad studium veri [illegible] præscriptaque munia [illegible] [illegible].

D.

1. Indè loca [illegible], indè situs datur explorare [illegible]orum [illegible].
Prisca licet conferre novis [illegible], et verba [illegible]bitusque
Corporis, ut valeas populorum exordia [illegible] [illegible].
2. Jam veterum monimenta virûm [illegible], jam [illegible] memento
Quæ retegant [illegible]; ut vera queas dignoscere fictis [illegible];
Quâ fuerint exstructa manu, quâ condita causâ [illegible];
3. Factaque perquires [illegible], factorum tempora noris [illegible],
Quæ probet eventus ratio, commenta re[illegible] [illegible],
Et quæ fors aut causa aut vir concusserit orbem,
Cùm tot bella forent, tot regna eversa jacerent,
Ambirentque novæ rerum fastigia gentes [illegible].
4. Noveris et ritus et dogmata relligionum [illegible],
Symbola quæ celant mysteria sacra prof[illegible] [illegible],
Et quo sit cultu veneranda æterna potestas [illegible],
Quoque modo oblitos ævi præcepta prioris
Diffusus latè populos invaserit error,
Magnoque undè homines perculsi corda pavore
Sanguine turpârint et fœdis ritibus aras [illegible].
5. Quæ sint [illegible], undè genantur opes [illegible], ut [illegible]que parentur
Et faciles victus et lætæ munera vitæ [illegible],
Vel sortem ut mutare queat gens inscia rerum,
Cùm segnes torpent mentes meliora [illegible] [illegible].
6. Hostemque à patriâ miles quibus arceat armis,
Navibus aut arce et densi munimine [illegible] [illegible];
Quo pacto instaurandæ acies [illegible], quo [illegible] gerenda [illegible],
Quoque adversa duces superârint agmina morte,
Fregerit et virtus ingentes sæpè catervas [illegible].
7. Est opus intereà populorum discere leges [illegible],
Lites indè juvat legumque resolvere nodos [illegible],
Et mutare novis ævo quæ jura fatiscunt
Nunc exempla docent [illegible], et nunc æternis æqui
Legibus æternis humanas promere leges [illegible].
8. Fœdera tum noris [illegible], quâ sint servanda sagaci
Arte [illegible], et securâ cives ut pace fruantur [illegible],
Quæ fluxa et quæ sit mansura potentia [illegible] [illegible].

A. M. Ampère.

CL[illegible]IFICATION DES CONNAISSANCES HUMAINES
ou
TABL[illegible]UX SYNOPTIQUES DES SCIENCES ET DES ARTS.

PREMIER TABLEAU. — *[illegible]vision de toutes nos connaissances en deux règnes, et de chaque règne en sous-règnes et en embranchemens.*

PREMIER RÈGNE.			SECOND RÈGNE.		
RÈGNE.	SOUS-RÈGNES.	EMBRANCHEMENS.	RÈGNE.	SOUS-RÈGNES.	EMBRANCHEMENS.
* Sciences [illegible]logiques	A. [illegible]mologiques proprement dites	I. Mathématiques. II. Physiques.	** Sciences noologiques	C. Noologiques proprement dites	V. Philosophiques. VI. Nootechniques.
	B. [illegible]siologiques	III. Naturelles. IV. Médicales.		D. Sociales	VII. Ethnologiques. VIII. Politiques.

SECOND TABLEAU. — *Division de chaque embranchement en sous-embranchemens et en sciences du premier ordre.*

PREMIER RÈGNE.				SECOND RÈGNE.			
	EMBRANCHEMENS.	SOUS-EMBRANCHEMENS.	SCIENCES DU PREMIER ORDRE.		EMBRANCHEMENS.	SOUS-EMBRANCHEMENS.	SCIENCES DU PREMIER ORDRE.
A.	I. Sciences mathématiques	a. Mathématiques proprement dites	1. Arithmologie. 2. Géométrie.	C.	V. Sciences philosophiques	i. Philosophiques proprement dites	1. Psychologie. 2. Ontologie.
		b. Physico-mathématiques	3. Mécanique. 4. Uranologie.			k. Morales	3. Ethique. 4. Thélésiologie.
	II. Sciences physiques	c. Physiques proprement dites	5. Physique générale. 6. Technologie.		VI. Sciences nootechniques	l. Nootechniques proprement dites	5. Technesthétique. 6. Glossologie.
		d. Géologiques	7. Géologie. 8. Oryctotechnie.			m. Dialegmatiques	7. Littérature. 8. Pédagogique.
B.	III. Sciences naturelles	e. Phytologiques	1. Botanique. 2. Agriculture.	D.	VII. Sciences ethnologiques	n. Ethnologiques proprement dites	1. Ethnologie. 2. Archéologie.
		f. Zoologiques proprement dites	3. Zoologie. 4. Zootechnie.			o. Historiques	3. Histoire. 4. Hiérologie.
	IV. Sciences médicales	g. Physico-médicales	5. Physique médicale. 6. Hygiène.		VIII. Sciences politiques	p. Physico-sociales	5. Économie sociale. 6. Art militaire.
		h. Médicales proprement dites	7. Nosologie. 8. Médecine pratique.			q. Ethnogétiques	7. Nomologie. 8. Politique.

TROISIÈME TABLEAU. — *Division de chaque science du premier ordre en sciences du second et du troisième ordre.*

PREMIER RÈGNE.

	SCIENCES DU PREMIER ORDRE.	SCIENCES DU SECOND ORDRE.	SCIENCES DU TROISIÈME ORDRE.
A.	1. [illegible]	a. Arithmologie élémentaire	11. Arithmographie. 12. Analyse mathématique.
		b. Mégéthologie	13. Théorie des fonctions. 14. Théorie des probabilités.
	2. Gé[illegible]	c. Géométrie élémentaire	21. Géométrie synthétique. 22. Géométrie analytique.
		d. Théorie des forces	23. Théorie des lignes et des surfaces. 24. Géométrie moléculaire.
	3. Méc[illegible]	e. Mécanique élémentaire	31. Cinématique. 32. Statique.
		f. Mécanique transcendante	33. Dynamique. 34. Mécanique moléculaire.
	4. [illegible]	g. Uranologie élémentaire	41. Uranographie. 42. Héliostatique.
		h. Uranognosie	43. Astronomie. 44. Mécanique céleste.
	5. [illegible]	i. Physique générale élémentaire	51. Physique expérimentale. 52. Chimie.
		k. Physique mathématique	53. Stéréonomie. 54. Atomologie.
	6. [illegible]	l. Technologie élémentaire	61. Technographie. 62. Cerdoristique industrielle.
		m. Technologie comparée	63. Économie industrielle. 64. Physique industrielle.
	7. Gé[illegible]	n. Géologie élémentaire	71. Géographie physique. 72. Minéralogie.
		o. Géologie comparée	73. Géonomie. 74. Théorie de la terre.
	8. [illegible]	p. Oryctotechnie élémentaire	81. Exploitation des mines. 82. Docimasie.
		q. Oryctotechnie comparée	83. Oryctonomie. 84. Physique minérale.
B.	1. [illegible]	a. Botanique élémentaire	11. Phytographie. 12. Anatomie végétale.
		b. Phyt[illegible]osie	13. Phytonomie. 14. Physiologie végétale.
	2. [illegible]	c. Agriculture élémentaire	21. Géoponique. 22. Cerdoristique agricole.
		d. Agriculture comparée	23. Agronomie. 24. Physiologie agricole.
	3. Zoo[illegible]	e. Zoologie élémentaire	31. Zoographie. 32. Anatomie animale.
		f. Zoognosie	33. Zoonomie. 34. Physiologie animale.
	4. Zoo[illegible]	g. Zootechnie élémentaire	41. Zoochrésie. 42. Zooristique.
		h. Zootechnie comparée	43. Œléconomie. 44. Threpsiologie.
	5. [illegible]	i. Physique médicale proprement dite	51. Pharmaceutique. 52. Trommatologie.
		k. Diatologie	53. Diététique. 54. Phéoygiétique.
	6. [illegible]	l. Crasiologie	61. Crasiographie. 62. Crasioristique.
		m. Hygiène proprement dite	63. Hygiénonomie. 64. Prophylactique.
	7. [illegible]	n. Nosologie proprement dite	71. Nosographie. 72. Anatomie pathologique.
		o. Iatrologie	73. Thérapeutique générale. 74. Physiologie médicale.
	8. [illegible]	p. Séméiologie	81. Séméiographie. 82. Diagnostique.
		q. Médecine pratique proprement dite	83. Thérapeutique spéciale. 84. Prognosie.

SECOND RÈGNE.

	SCIENCES DU PREMIER ORDRE.	SCIENCES DU SECOND ORDRE.	SCIENCES DU TROISIÈME ORDRE.
C.	1. [illegible]	a. Psychologie élémentaire	11. Psychographie. 12. Logique.
		b. Psychognosie	13. Méthodologie. 14. Idéogénie.
	2. [illegible]	c. Ontologie élémentaire	21. Ontothétique. 22. Théologie naturelle.
		d. Ontognosie	23. Hyperttologie. 24. Théodicée.
	3. [illegible]	e. Ethique élémentaire	31. Ethographie. 32. Physiognomonie.
		f. Ethognosie	33. Morale pratique. 34. Ethogénie.
	4. [illegible]	g. Thélésiologie élémentaire	41. Thélésiographie. 42. Dicéologie.
		h. Thélésiognosie	43. Morale apodictique. 44. Anthropolépsie.
	5. [illegible]	i. Terpnologie	51. Terpnographie. 52. Terpnognosie.
		k. Technesthétique proprement dite	53. Technesthétique comparée. 54. Philosophie des beaux-arts.
	6. [illegible]	l. Glossologie élémentaire	61. Lexicographie. 62. Lexiognosie.
		m. Glossognosie	63. Glossonomie. 64. Philosophie des langues.
	7. [illegible]	n. Bibliologie	71. Bibliographie. 72. Bibliognosie.
		o. Littérature proprement dite	73. Littérature comparée. 74. Philosophie de la littérature.
	8. [illegible]	p. Pédagogique proprement dite	81. Pédiographie. 82. Léneistique.
		q. Mathésiologie	83. Mathési[illegible]nie. 84. [illegible]
D.	1. [illegible]	[illegible]logie proprement dite	[illegible]
		[illegible]tique	[illegible]
	2. [illegible]	c. Mnémiologie	21. Mnémiographie. 22. Mnémiognosie.
		d. Archéologie comparée	23. Critique archéologique. 24. Archéogénie.
	3. [illegible]	e. Diégématique	31. Chronographie. 32. Chronognosie.
		f. Histoire proprement dite	33. Histoire comparée. 34. Philosophie de l'histoire.
	4. [illegible]	g. Sébasmatique	41. Hiérographie. 42. Symbolique.
		h. Hiérologie comparée	43. Controverse. 44. Hiérogénie.
	5. [illegible]	i. Économie sociale proprement dite	51. Statistique. 52. Chrématologie.
		k. Cœnolbologie	53. Cœnolbologie comparée. 54. Cœnolbogénie.
	6. [illegible]	l. Hoplistique	61. Hoplographie. 62. Tactique.
		m. Art militaire proprement dit	63. Stratégie. 64. Nicologie.
	7. [illegible]	n. Nomologie proprement dite	71. Nomographie. 72. Jurisprudence.
		o. Législation	73. Législation comparée. 74. Théorie des lois.
	8. [illegible]	p. Syncinésique	81. Ethnodicée. 82. Diplomatie.
		q. Politique proprement dite	83. Cybernétique. 84. Théorie du pouvoir.

www.ingramcontent.com/pod-product-compliance
Ingram Content Group UK Ltd.
Pitfield, Milton Keynes, MK11 3LW, UK
UKHW012018240726
13965UKWH00002B/434

9 782011 950338